O Modelo Planetário de Weber para o Átomo

A.K.T. Assis
K. H. Wiederkehr
G. Wolfschmidt

Apeiron
Montreal

Published by C. Roy Keys Inc.
4405, rue St-Dominique
Montreal, Quebec H2W 2B2 Canada
http://redshift.vif.com

First Published 2014

National Library of Canada Cataloguing in Publication

Assis, André Koch Torres, 1962-
[Weber's planetary model of the atom. Portuguese]
O modelo planetário de Weber para o átomo / Andre Koch Torres Assis, K.H. Wiederkehr, G. Wolfschmidt.

Translation of: Weber's planetary model of the atom.
Includes bibliographical references.
Issued in print and electronic formats.
ISBN 978-0-9920456-5-4 (pbk.).--ISBN 978-0-9920456-6-1 (pdf)

1. Electrodynamics. 2. Atoms--Models. 3. Weber, Wilhelm Eduard, 1804-1891. I. Wolfschmidt, Gudrun, author II. Wiederkehr, K. H. (Karl Heinrich), 1922-, author III. Title.

QC631.3.A8718 2014 537.6 C2014-903528-4
C2014-903529-2

Descrição da figura na capa:

O modelo planetário de Weber, desenvolvido na segunda metade do século XIX, tem um núcleo composto de cargas positivas, sendo cercado por cargas negativas descrevendo órbitas elípticas ao redor do núcleo. O aspecto mais importante do modelo é que o núcleo é estabilizado apenas pela força eletrodinâmica de Weber. Ele mostrou que quando cargas de mesmo sinal estão interagindo e sendo aceleradas, deslocando-se a distâncias muito pequenas, elas se comportam como se tivessem uma massa inercial efetiva negativa. Logo, a força elétrica repulsiva faz com que estas cargas de mesmo sinal desloquem-se uma em direção à outra, como se estivessem se atraindo. Esta é uma possível explicação para a estabilidade nuclear sem que seja necessário postular forças nucleares.

O Modelo Planetário de Weber para o Átomo

A. K. T. Assis,[1] K. H. Wiederkehr e G. Wolfschmidt[2]

1 - Instituto de Física 'Gleb Wataghin'
Universidade Estadual de Campinas—UNICAMP
13083-859 Campinas, SP, Brasil
E-mail: assis@ifi.unicamp.br
Homepage: <www.ifi.unicamp.br/~assis>

2 - Institut für Geschichte der Naturwissenschaften
Universität Hamburg
Bundesstrasse 55
D-20146 Hamburg, Alemanha

Palavras-chave: Wilhelm Weber, corrente elétrica, corrente molecular de Ampère, modelo planetário do átomo.

PACS: 01.65.+g História da Ciência.

Sumário

Dedicatória:

Este livro é dedicado ao grande amigo e historiador da ciência Karl Heinrich Wiederkehr (1922-2012), que infelizmente faleceu antes da publicação desta obra em português.

Agradecimentos:

Um dos autores, AKTA, deseja agradecer ao Instituto para a História das Ciências Naturais da Universidade de Hamburgo, Alemanha, assim como à Fundação Alexander von Humboldt, da Alemanha, por uma bolsa de pesquisa concedida no ano de 2009 durante o qual este trabalho foi realizado. Ele foi convidado pela Profa. G. Wolfschmidt e continuou a pesquisa que havia realizado na Universidade de Hamburgo em 2001-2002, convidado pela Profa. K. Reich, com uma outra bolsa de pesquisa que também havia sido concedida pela Fundação Humboldt. Ele também agradece ao Faepex/UNICAMP pelo auxílio financeiro, assim como ao Instituto de Física da UNICAMP por fornecer as condições necessárias para que este trabalho fosse realizado.

Os autores agradecem a inúmeras pessoas pelo apoio, sugestões, correções, referências etc.: B. R. Bligh, C. Blondel, J. Gottschalk, L. Hecht, W. Lange, T. E. Phipps Jr., K. Reich, T. Rüting, J. Tennenbaum e B. Wolfram.

Esta é uma tradução em português das páginas 17 a 101 de um livro que saiu publicado originalmente em inglês:[1]

Título: Weber's Planetary Model of the Atom

Autores: A. K. T. Assis, K. H. Wiederkehr e G. Wolfschmidt

Editor: G. Wolfschmidt

Editora: Tredition GmbH, Hamburg — Alemanha

ISBN: 978-3-8424-0241-6

Data de publicação: 07 de julho de 2011

André Koch Torres Assis,[A] Karl-Heinrich Wiederkehr e Gudrun Wolfschmidt[B]

A - Instituto de Física
Universidade Estadual de Campinas—UNICAMP
13083-859 Campinas - SP, Brasil
E-mail: assis@ifi.unicamp.br
Homepage: <www.ifi.unicamp.br/~assis>

B - Institut für Geschichte der Naturwissenschaften
Universität Hamburg
Bundesstrasse 55
D-20146 Hamburg, Alemanha

[1] [AWW11].

Capítulo 1

Introdução

Wilhelm Eduard Weber (1804-1891) foi um dos principais cientistas do século XIX. Suas obras completas foram publicadas em 6 volumes entre 1892 e 1894.[1] Escreveu oito trabalhos principais entre 1846 e 1878 sob o título geral de *Elektrodynamische Maassbestimmungen* (*Medidas Eletrodinâmicas*).[2] A oitava Memória só foi publicada postumamente em suas obras completas.

Três destas oito Memórias principais já foram traduzidas para o inglês, a saber, a primeira, *Determinações de medidas eletrodinâmicas: Sobre uma lei universal da ação elétrica*;[3] a sexta, *Medidas eletrodinâmicas—Sexta Memória, relacionada especialmente ao princípio de conservação da energia*;[4] e a oitava, *Determinações de medidas eletrodinâmicas: Particularmente com relação à conexão das leis fundamentais da eletricidade com a lei da gravitação*.[5] Em 1848 foi publicada uma versão resumida da primeira Memória,[6] que também já foi traduzida para o inglês, *Sobre a medida das forças eletrodinâmicas*.[7]

Uma listagem de todas as obras de Weber já traduzidas para o inglês foi publicada em 2010.[8] A única obra de Weber já traduzida para o português é um trabalho conjunto com seu amigo Rudolf Kohlrausch (1809-1858) descrevendo a primeira medida de uma constante fundamental que aparece na força de Weber.[9] Uma obra de Gauss, colaborador de Weber na Universidade de Göttingen, que é a base do sistema absoluto de medidas eletromagnéticas também já foi traduzida para o português.[10]

---

[1] [Web92b, Web92a, Web93, Web94b, WW93, WW94]. Durante este trabalho os termos entre colchetes nas citações das obras de Weber e dos outros autores são de nossa autoria para facilitar a compreensão de algumas frases.

[2] [Web46, Web52b, Web52a, KW57, Web64, Web71, Web78, Web94a].

[3] [Web07].

[4] [Web72].

[5] [Web08].

[6] [Web48a].

[7] [Web66c].

[8] [Ass10c].

[9] [WK56], com tradução para o português em [WK08].

[10] [Ass03].

Seguimos neste trabalho o desenvolvimento do modelo planetário de Weber para o átomo.

Capítulo 2

O Atomismo de Weber

Neste trabalho apresentamos algumas linhas de raciocínio bem específicas que levaram Wilhelm Weber ao seu modelo planetário para o átomo. Elas estão relacionadas com a natureza da corrente galvânica, com a origem da resistência elétrica dos condutores, com as correntes moleculares de Ampère, com a lei de força fundamental de Weber para a interação entre partículas carregadas, e com a natureza dos fenômenos magnéticos e diamagnéticos. Antes de entrar nestes detalhes, é importante enfatizar aqui as concepções gerais de Weber sobre a natureza dos fenômenos físicos. Durante toda sua carreira científica ele defendeu uma visão corpuscular ou atomística da natureza. De acordo com esta ideia, o universo tem uma estrutura granular, havendo um vácuo entre estes grãos ou entre estas partículas. Isto é, ele assumia uma constituição atômica para a matéria. Weber utilizava nomes diferentes para caracterizar estes corpúsculos, a saber, átomos, moléculas, partículas etc. A interação entre estes corpúsculos pode ser concebida como sendo efetuada através de colisões entre elas, ou através de forças entre estas partículas agindo à distância. Weber chegou a considerar a existência de um éter entre estas partículas. Mas este éter era concebido por Weber em termos corpusculares, a saber, como sendo composto de partículas carregadas eletricamente deslocando-se através do espaço vazio.

Um dos primeiros trabalhos de Weber foi um livro escrito em conjunto com seu irmão mais velho, Ernst Heinrich Weber (1795-1878), publicado em 1825, *Teoria Ondulatória Baseada em Experiências.*[1] Neste trabalho eles lidaram com ondas propagando-se em fluidos, apresentando também aplicações para ondas sonoras e para ondas luminosas. Supunham que todas estas ondas propagavam-se em um meio molecular.

Weber utilizava a hipótese atômica em todas as áreas da física nas quais trabalhava. Interpretava os fenômenos em termos de uma interação entre as menores partículas envolvidas no processo. Através desta interação, estas partículas modificavam suas posições e seus movimentos, criando assim todos os tipos de vibrações em um meio composto por estas partículas. Ele estava convencido

[1] [WW93].

da existência de partículas elementares discretas. No final de sua vida tentou deduzir, ao menos qualitativamente, os principais fenômenos físicos baseado apenas na existência de partículas carregadas eletricamente, positivas e negativas, interagindo entre si através de sua lei de força fundamental de 1846.

O ponto de vista de Weber não era compartilhado por muitos físicos do século XIX. Em vez desta hipótese atomística, estes outros cientistas aceitavam uma concepção dinâmica do mundo baseada na existência de uma substância contínua preenchendo todo o espaço. Estes cientistas eram chamados de dinamistas. Em vez de uma lei de interação entre átomos ou moléculas, os dinamistas procuravam por uma equação descrevendo o fluxo desta substância contínua através do espaço. Para isto utilizavam conceitos tais como campos, linhas de força, vórtices etc. Faraday e Maxwell eram alguns dos cientistas mais proeminentes que defendiam este ponto de vista em seus trabalhos sobre eletricidade. Discutimos seus argumentos nas Seções 3.3 e 3.4.

Embora Weber tenha sempre mantido um ponto de vista atomista, ele certamente se aprofundou neste assunto devido à influência de seu amigo Gustav Theodor Fechner (1801-1887).[2] Fechner trabalhou em muitas áreas da física, fisiologia, psicologia e filosofia. Ele foi um dos primeiros cientistas a reconhecer o significado do trabalho pioneiro de Ohm. Foi um defensor combativo do atomismo. Escreveu um livro famoso sobre este assunto, *Ueber die physikalische und philosophische Atomenlehre* (*Concepções Físicas e Filosóficas do Atomismo*, ou *Teoria Atômica Física e Filosófica*). A primeira edição foi publicada em 1855 e a segunda em 1864.[3] Neste trabalho apresentou o princípio básico do atomismo para com isto explicar muitos fenômenos físicos, assim como muitas leis da natureza. Traduziu para o alemão o livro *Précis élementaire de Physique expérimentale*, de Biot (1774-1862). Em capítulos separados escritos por ele próprio, Fechner apresentou a ideia de que as partículas do calor orbitariam ao redor dos átomos, assim como os planetas orbitam ao redor do Sol.[4] Mais tarde Weber desenvolveu um modelo similar para o átomo, mas substituindo as partículas do calor por partículas elétricas.

Fechner foi educado na Universidade de Leipzig, sendo depois admitido como professor de física. Renunciou a este cargo após contrair uma doença ocular em 1839. Weber trabalhou na Universidade de Leipzig de 1843 até 1849. Durante este período teve longas discussões com Fechner sobre física e filosofia, influenciando-se mutuamente.

---

[2][Hei93] e [Hei04].

[3][Fec64].

[4][Bio28, Quarto Capítulo Extra: Sobre o provável estado fundamental dos corpos, págs. 396-411, ver especialmente as págs. 409-410].

Capítulo 3

A Natureza da Corrente Galvânica

Apresentamos aqui as concepções de corrente elétrica apresentadas por Ørsted, Ampère, Faraday, Maxwell e Weber. Ørsted, Ampère e Weber, em particular, supunham a corrente elétrica como sendo composta por um fluxo duplo de cargas elétricas positivas e negativas deslocando-se em sentidos opostos em relação a um fio com corrente, com velocidades de mesma intensidade. Mais tarde Weber considerou a possibilidade de cada carga positiva permanecer fixa no átomo ou na molécula que compunha o condutor, enquanto que a carga negativa se deslocaria em órbitas elípticas ao redor da carga positiva, em analogia com as leis de Kepler para os planetas. Com a aplicação de uma força eletromotriz, apenas as cargas negativas se deslocariam em relação ao fio. Esta concepção, de certa forma análoga à concepção moderna de uma corrente elétrica baseada no fluxo de elétrons ao longo de um fio metálico, foi um dos fatores que o levou ao modelo planetário para o átomo.

3.1 A Concepção de Ørsted para a Corrente Elétrica

Em 1800 Alessandro Volta (1745-1827) apresentou ao mundo sua pilha ou bateria elétrica.[1] Este trabalho de Volta já se encontra totalmente traduzido para o português.[2] Com este instrumento foi criada uma fonte de potência que produzia uma corrente elétrica de grande intensidade, aproximadamente constante, ao redor de um circuito conectado às extremidades da bateria. A bateria produzia uma tensão pequena entre seus terminais. O próprio Volta chegou a usar a expressão "corrente elétrica" neste artigo de 1800:[3]

[1] [Vol00a] e [Vol00b].
[2] [MA08].
[3] [Vol00a, págs. 408-409] e [MA08, pág. 124].

> Tudo isso mostra que se o contato dos metais entre si em poucos pontos é suficiente (sendo todos excelentes condutores) para dar livre passagem a uma corrente elétrica medianamente forte, o mesmo não acontece com os líquidos ou com os corpos embebidos de líquido, que são condutores bem menos perfeitos e que, conseqüentemente, necessitam de um grande contato com os condutores metálicos, e mais ainda entre si, para que o fluido elétrico possa passar facilmente e para que não venha a sofrer retardos em seu curso principalmente quando se desloca com pouca força, como é o nosso caso.

Provavelmente Volta utilizou este termo por se opor à ideia de Luigi Galvani (1737-1798) de uma "eletricidade animal." Para Volta os fenômenos observados nas experiências de Galvani e em sua pilha eram similares aos ocorridos com a descarga das garrafas de Leiden (exceto por serem constantes e duradouros, em vez de momentâneos ou de curta duração). A garrafa de Leiden, uma precursora dos capacitores modernos, armazenava cargas elétricas usuais geradas por atrito.

Hans Christian Ørsted (1777-1851) foi muito influenciado pela cultura romântica da filosofia natural alemã. Havia uma tradição filosófica do idealismo alemão no século XIX. De acordo com estas ideias, havia uma unidade na natureza, com todos os fenômenos estando conectados entre si. Ørsted, em particular, procurava por efeitos indicando esta unidade em diferentes reinos da ciência: calor, luz, eletricidade, magnetismo, química etc. Em 1820 observou a deflexão de uma agulha magnética em relação à sua orientação usual ao longo de um meridiano magnético terrestre, sempre que uma corrente elétrica fluía ao longo de um condutor reto e longo que estava nas proximidades da agulha.[4] Este artigo já se encontra totalmente traduzido para o português.[5] Com esta descoberta abriu um novo campo de pesquisa lidando com a interação da eletricidade com o magnetismo. Criou o nome "eletromagnetismo" para caracterizar esta nova área.[6]

Em vez de se expressar em termos de uma "corrente galvânica," "corrente de eletricidade," ou "corrente elétrica," Ørsted empregou a expressão "conflito elétrico." Definiu-a nas seguintes palavras:[7]

> Os terminais opostos do aparelho galvânico são unidos por um fio metálico, que, por concisão, chamaremos de *condutor de conexão* ou *fio de conexão*. Atribuiremos o nome de *conflito elétrico* ao efeito que se manifesta nesse condutor e no espaço que o cerca.

Ou seja, para ele este conflito elétrico não estava confinado no interior do fio, já que existiria também no espaço ao redor do fio com corrente.

Explicou o desvio da agulha magnética em relação à sua orientação usual quando estava nas proximidades de um fio conduzindo corrente elétrica nas seguintes palavras:[8]

---

[4] [Oer20b] e [Ørs86].

[5] [Ørs86].

[6] [Ørs98b, pág. 421], [Ørs98c, pág. 426], [GG90, pág. 920] e [GG91, pág. 116].

[7] [Ørs86], [Mar86] e [Fra81, págs. 28-30: Why "Conflictus"].

[8] [Ørs86, págs. 121-122, nossa ênfase em itálico].

Consideremos agora a razão de todos esses fenômenos.

O conflito elétrico apenas atua sobre as partículas magnéticas da matéria. Todos os corpos não-magnéticos parecem ser permeáveis ao conflito elétrico; mas os [corpos] magnéticos, ou suas partículas magnéticas, resistem à passagem desse conflito magnético,[9] o que faz com que possam ser movidas pelo ímpeto das forças em luta.

As observações expostas mostram que o conflito elétrico não está confinado ao fio condutor, mas está amplamente disperso no espaço circunjacente a ele.

Também se pode concluir das observações que esse conflito age por rotações [*gyros*], pois parece que essa é a condição sem a qual não se pode compreender que a mesma parte do fio de conexão, colocado abaixo do polo magnético o leve para Leste, e colocado acima dele o mova para Oeste; pois tal é a natureza da rotação, que movimentos em partes opostas possuem direções opostas. Além disso, pareceria que um movimento de rotação, unido a um movimento progressivo dirigido segundo o comprimento do condutor, deveria formar uma linha conchoidal ou espiral ou seja, em hélice, mas isso, se não me engano, não contribui para a explicação dos fenômenos explicados até agora.

Todos os efeitos aqui expostos, relativamente ao polo Norte, são facilmente compreendidos, supondo-se que a força ou matéria elétrica negativa percorre uma linha espiral dobrada para a direita, e empurra o polo Norte, mas não age sobre o [polo] Sul. Pode-se explicar de forma semelhante os efeitos sobre o polo Sul, se atribuirmos à força ou matéria elétrica positiva um movimento contrário, e o poder de agir sobre o polo Sul e não sobre o Norte. Compreender-se-á melhor a concordância dessa lei com a natureza pela repetição das experiências do que através de uma longa explicação. A avaliação das experiências será muito facilitada, se for indicado o sentido das forças elétricas no fio de conexão por sinais pintados ou gravados.

Em essência, observa-se que Ørsted acreditava que havia uma corrente dupla de cargas elétricas positivas e negativas deslocando-se no interior do fio em sentidos opostos. Atribuía um "movimento contrário" às cargas positivas e negativas não apenas no interior do fio, mas também no espaço ao redor dele. A partir desta expressão podemos inferir que ele acreditava que estas eletricidades opostas deslocavam-se em relação ao fio com velocidades de mesma magnitude. Fora do fio também haveria uma corrente dupla, mas agora deslocando-se em uma linha conchoidal ou espiral. Estas correntes helicoidais externas ao fio seriam compostas por movimentos circulares, juntamente com movimentos progressivos ao longo do comprimento do condutor, formando assim hélices ao redor do fio.

[9] Acreditamos que haja um erro tipográfico neste ponto da tradução em português. O correto deveria ser apenas "desse conflito." Ørsted está se referindo aqui ao conflito *elétrico* e não ao conflito *magnético*. Isto pode ser visto nas versões em inglês e em francês deste artigo, [Oer20b, pág. 276], [Oer65, pág. 116], [Ørs98a, pág. 416], [Ørs98a, pág. 419] e [Oer20a, pág. 423].

3.2 A Corrente Elétrica de Acordo com Ampère

André-Marie Ampère (1775-1836) começou seus trabalhos em eletrodinâmica após a descoberta de Ørsted. Contudo, rejeitou a ideia de Ørsted de haver alguma coisa fluindo em hélices ao redor do fio. Apesar disso, Ampère aceitou a ideia de Ørsted de que dentro de um fio com corrente haveria uma corrente dupla de cargas elétricas positivas e negativas deslocando-se em sentidos opostos em relação ao fio. Seu primeiro trabalho sobre eletrodinâmica, em duas partes, publicadas em 1820, já se encontra totalmente traduzido para o português.[10] A principal obra de Ampère, *Teoria dos Fenômenos Eletrodinâmicos, Deduzida Unicamente da Experiência*, de 1826, também já se encontra totalmente traduzida para o português.[11]

Em seu primeiro artigo Ampère explicitou sua concepção de corrente elétrica nas seguintes palavras:[12]

> [...] De modo que resulta uma dupla corrente, uma de eletricidade positiva, outra de eletricidade negativa, partindo em sentidos opostos dos pontos onde a ação eletromotriz se estabelece, e indo reunir-se na parte do circuito oposta a estes pontos.

A mesma ideia foi expressa um pouco mais tarde com palavras similares no mesmo trabalho:[13]

> Tais são as diferenças reconhecidas antes de mim entre os efeitos produzidos pela eletricidade nos dois estados [de tensão e de corrente] que acabo de descrever, sendo que um dos estados consiste senão no descanso, pelo menos em um movimento lento e produzido somente pela dificuldade em isolar completamente os corpos onde se manifesta a tensão elétrica, o outro estado consiste em uma dupla corrente de eletricidade positiva e negativa ao longo de um circuito contínuo feito de corpos condutores. Concebe-se então, na teoria corriqueira da eletricidade, que os dois fluidos dos quais se considera como sendo composta a corrente, são incessantemente separados um do outro em uma parte do circuito e levados rapidamente em sentido contrário para outra parte do mesmo circuito onde se reúnem continuamente.

3.3 A Corrente Elétrica de Acordo com Faraday

Esta concepção da corrente elétrica como sendo devido a um fluxo de partículas carregadas eletricamente não foi aceita por todos os cientistas da época. Michael Faraday (1791-1867) e James Clerk Maxwell (1831-1879), por exemplo,

[10] [CA07] e [CA09].
[11] [Cha09] e [AC11].
[12] [Amp20a, pág. 64], [Far22, pág. 112], [Amp65b, pág. 141] e [CA07, pág. 94].
[13] [Amp20a, págs. 68-69], [Amp65b, pág. 144] e [CA07, págs. 96-97].

rejeitaram esta ideia. Nesta Seção consideramos os pontos de vista de Faraday. Na próxima Seção analisamos as concepções de Maxwell.

Faraday iniciou seus trabalhos sobre eletromagnetismo após a descoberta de Ørsted em 1820. Inicialmente repetiu algumas das principais experiências realizadas por Ørsted, Ampère, Biot, Savart (1791-1841), Arago (1786-1853), Davy (1778-1829), Wollaston (1766-1828), Berzelius (1779-1848), Berthollet (1748-1822), Schweigger (1779-1857) etc. Depois disto iniciou suas próprias pesquisas. Publicou em 1821 e 1822 um artigo em três partes apresentando um resumo histórico sobre o eletromagnetismo.[14] Era cético em relação à ideia de que a corrente elétrica era constituída pelo movimento de partículas carregadas. Ao considerar um aparelho ativo composto por um fio metálico conectando os polos de uma bateria Voltaica, expressou seu ceticismo nas seguintes palavras:[15]

> Aqueles que consideram a eletricidade como um fluido, ou como dois fluidos, concebem que uma corrente ou que correntes de eletricidade estão atravessando os polos de um aparelho ativo. Existem muitos argumentos em favor da materialidade da eletricidade e apenas alguns argumentos contra [esta concepção]; apesar disto, ela não passa de uma suposição; e será bom lembrar, ao prosseguir no assunto do eletromagnetismo, que não temos prova da materialidade da eletricidade, ou da existência de qualquer corrente através do fio.

No que diz respeito à explicação de Ørsted para a deflexão de uma agulha magnética por uma corrente de eletricidade, disse o seguinte:[16] "[...] Tenho pouco a dizer sobre a teoria do Sr. Oersted, pois tenho de confessar que não a entendo bem." Em vez de explicar a deflexão da agulha magnética por um conflito de *eletricidade*, assim como havia feito Ørsted, Faraday preferia a ideia de uma força *magnética*.[17]

Faraday compreendeu as concepções de Ørsted e de Ampère segundo as quais haveria uma corrente dupla de cargas positivas e negativas deslocando-se em relação ao fio em sentidos opostos. Contudo, a ênfase de Faraday era no estado do fio com corrente que causava a deflexão da agulha magnética. No que diz respeito aos pontos de vista de Ampère, disse o seguinte sobre isto:[18]

> Agora, como é neste estado que o fio é capaz de afetar a agulha magnética, é muito importante para a compreensão exata da teoria que se obtenha uma ideia clara e precisa de seu estado, ou do que se assume que seja esse estado, pois, de fato, toda a teoria é baseada nesse estado. Pode-se dizer que porções de matéria [que estejam] no mesmo estado que este fio constituem os materiais a partir dos quais o Sr. Ampère forma, teoricamente, não apenas os ímãs de barra, mas

[14] [Far21a, Far21b, Far22].
[15] [Far21a, pág. 196].
[16] [Far22, pág. 107].
[17] [Wie88] e [Wie91].
[18] [Far22, pág. 112].

até mesmo o grande ímã da Terra; e, portanto, pode nos ser permitido esperar que inicialmente será oferecida uma descrição muito clara desse estado. Contudo, este não é o caso e, penso, creio que se deve lamentar bastante esta ausência, pois torna consideravelmente obscura o restante da teoria pois, embora certamente os fatos muito interessantes descobertos pelo Sr. Ampère possam ter sido descritos, e as leis gerais e os arranjos tanto nos condutores quanto nos ímãs tenham sido apresentados com igual força e efeito sem qualquer referência ao estado interno do fio, mas apenas com referência às potências [poderes] que a experiência prova que pertençam ao fio, contudo, como o Sr. Ampère sempre preferiu se referir às correntes no fio e, de fato, tenha baseado sua teoria na existência dessas correntes, tornou-se necessário que *uma corrente* devesse ser descrita.

Em 1833 Faraday definiu uma corrente elétrica da seguinte maneira:[19]

283. Entendo por *corrente* qualquer coisa progressiva, seja ela um fluido de eletricidade, ou dois fluidos deslocando-se em sentidos opostos, ou simplesmente vibrações, ou, falando de maneira ainda mais geral, forças progressivas. Entendo por *arranjo* um ajustamento local de partículas, ou de fluidos, ou de forças, mas que não seja progressivo. Muitos outros motivos podem ser apresentados em favor do ponto de vista de uma *corrente* em vez de um *arranjo*, mas estou ansioso por evitar de especificar de maneira desnecessária o que vai ocorrer para outros no momento.

A explicação de Ampère para a experiência de Ørsted era baseada em uma interação direta entre correntes elétricas. Isto significava uma ação à distância, assim como a interação Newtoniana entre duas massas, ou a interação Coulombiana entre dois fluidos elétricos. Faraday, por outro lado, concentrava sua atenção no meio que supunha existir entre os corpos que estavam interagindo. No que diz respeito à eletricidade, em particular, focalizava sua mente no fenômeno básico da indução *eletrostática*. Quando aproximamos uma carga elétrica de teste de um condutor inicialmente neutro que está isolado eletricamente da Terra, observa-se que esta carga de teste induz cargas iguais e opostas na superfície do condutor. A parte do condutor mais próxima da carga de teste vai ficar eletrizada com cargas de sinal oposto à carga de teste, enquanto que a parte do condutor mais afastada da carga de teste vai ficar eletrizada com cargas de mesmo sinal que a carga de teste. Este fenômeno também é chamado de polarização elétrica.[20] De acordo com Faraday, esta polarização elétrica também acontece no meio que supunha existir entre dois corpos eletrizados que estavam interagindo. Em 1837 apresentou seus pontos de vista da seguinte maneira:[21]

---

[19] [Far65a, Artigo 283].

[20] Uma descrição detalhada deste fenômeno, acompanhada de experiências simples realizadas com material de baixo custo, encontra-se em [Ass10b], [Ass10a] e [Ass11].

[21] [Far65a, Artigos 1162, 1164 e 1165].

> 1162. Entre as ações de tipos diferentes nas quais a eletricidade tem sido convencionalmente subdividida, penso que não existe qualquer ação que exceda em importância, ou que tenha a mesma importância, do que a ação chamada de *indução*. [...] e como todo o efeito no eletrólito parecia ser uma ação das partículas colocadas em um estado peculiar ou polarizado, fui levado a suspeitar de que a própria indução comum era em todos os casos uma *ação de partículas vizinhas*,[22] e que a ação elétrica à distância (isto é, a ação indutiva ordinária) nunca ocorria, exceto através da influência da matéria interposta. [...] Atualmente acredito que a indução comum em todos os casos seja uma ação de partículas vizinhas consistindo em uma espécie de polaridade, em vez de ser uma ação seja de partículas ou de massas a distâncias perceptíveis; e se isto for verdadeiro, a distinção e o estabelecimento de uma tal verdade passa a ser da maior importância para o nosso progresso adicional na investigação da natureza das forças elétricas.

Em 1838 Faraday analisou a indução eletrostática no que diz respeito aos isolantes e condutores. Resumiu aqui seus pontos de vista maduros no que diz respeito à natureza de uma corrente elétrica. Em vez de considerá-la como um fluxo de partículas carregadas eletricamente, preferia considerar a corrente elétrica como sendo uma polarização elétrica das partículas do meio que supunha existir entre as cargas elétricas, sendo que esta polarização era comunicada sequencialmente às partículas vizinhas. De acordo com sua concepção, as partículas de um bom condutor elétrico não poderiam ser permanentemente polarizadas. Apresentou seus pontos de vista da seguinte maneira:[23]

> 1320. Embora se assuma que sejam essencialmente diferentes a condução e a isolação [elétrica], contudo nem Cavendish nem Poisson tentam explicar por suas teorias, ou até mesmo estabelecer em suas teorias, qual é esta diferença essencial. Talvez eu também não tenha qualquer coisa a oferecer em relação a isto, *exceto* que, de acordo com minha visão sobre a indução, a isolação e a condução dependam da mesma ação molecular dos dielétricos envolvidos; e em qualquer teoria matemática suficiente da eletricidade devem ser consideradas como casos da mesma espécie. [...]
>
> 1339. Para resumir até certo ponto o que foi dito, considero o primeiro efeito de um corpo excitado sobre as matérias vizinhas como sendo a produção de um estado polarizado de suas partículas, o que constitui *indução*; e isto surge de sua ação sobre as partículas que

[22][Nota do Faraday:] A palavra *vizinha* talvez não seja a melhor palavra que possa ser usada aqui e em outros lugares já que, como as partículas não se tocam, ela não é estritamente correta. Fui induzido a empregá-la devido ao fato de que, em sua acepção usual, ela me permitiu expor a teoria claramente e com facilidade. Entendo por partículas vizinhas aquelas que estão próximas. Dezembro de 1838.

[23][Far65a, Artigos 1320 e 1338].

estão em contato imediato com ele, as quais atuam novamente sobre as [partículas] contíguas a elas, e desta forma as forças são transmitidas para uma distância. Se a indução permanece sem ser diminuída, então a consequência é a isolação perfeita; e quanto maior for a condição polarizada que as partículas podem adquirir ou manter, maior será a intensidade que pode ser fornecida à forças atuantes. Caso, ao contrário, as partículas vizinhas, ao adquirirem o estado polarizado, tenham o poder de comunicar suas forças, então ocorre condução, e a tensão é diminuída, sendo a condução um ato distinto de descarga entre partículas vizinhas. Quanto menor for o estado de tensão pelo qual ocorre esta descarga entre as partículas de um corpo, melhor condutor será este corpo. Sob este ponto de vista, pode-se dizer que os isolantes sejam corpos cujas partículas podem manter o estado polarizado; enquanto que os condutores são aqueles corpos cujas partículas não podem ser polarizadas permanentemente. [...]

3.4 A Corrente Elétrica de Acordo com Maxwell

Maxwell seguiu as ideias de Faraday e tentou implementá-las matematicamente. A concepção de eletricidade de Maxwell não estava de acordo com a existência de quantidades descontínuas de eletricidade que possuíam uma estrutura granular ou uma propriedade atomística.[24] Assim como Faraday, Maxwell rejeitou a concepção material da eletricidade e negou a existência de átomos elétricos.[25] Podemos ver como ele defendeu seus pontos de vista na sua discussão da condução eletrolítica. A lei fundamental da eletrólise havia sido descoberta por Faraday. Maxwell apresentou-a nas seguintes palavras:[26]

> O número de equivalentes eletroquímicos de um eletrólito que são decompostos pela passagem de uma corrente elétrica durante um tempo dado é igual ao número de unidades de eletricidade que são transferidas pela corrente no mesmo tempo.

Ele apresentou uma possível explicação razoável para este fato no mesmo Artigo:

> Portanto, é extremamente natural supor que as correntes dos íons são correntes de convecção da eletricidade e, em particular, [supor] que cada molécula do cátion está eletrizada com uma certa quantidade fixa de eletricidade, que é a mesma para as moléculas de todos os cátions, e que cada molécula dos ânions está eletrizada com uma quantidade igual de eletricidade negativa.

---

[24] [Wie67, pág. 109].
[25] [Wie08, pág. 153].
[26] [Max54a, Artigo 255] e [Max83].

Maxwell apresentou esta visão atomística da eletrólise como sendo extremamente útil para a compreensão deste fenômeno. Mas logo após esta citação, fez o seguinte comentário que revela sua atitude cética:[27] "Contudo, embora possa-se falar facilmente da eletrização de uma molécula, não é tão fácil conceber esta eletrização." A mesma atitude cética aparece no final deste Artigo:[28]

> Esta teoria de cargas moleculares pode servir como um método pelo qual lembramos muitos fatos sobre eletrólise. Contudo, é extremamente improvável que quando chegarmos a compreender a verdadeira natureza da eletrólise ainda manteremos a teoria das cargas moleculares em qualquer forma, pois então teremos obtido uma base segura sobre a qual poderemos formar uma teoria verdadeira das correntes elétricas, ficando assim independentes destas teorias provisórias.

Ele discutiu a natureza da corrente elétrica em muitas Seções de seu livro *A Treatise of Electricity and Magnetism* de 1873. No Artigo 552 deste trabalho considerou se a energia associada com a corrente era interna ou externa à corrente:[29]

> 552.] Portanto, parece que um sistema contendo uma corrente elétrica é a sede de energia de algum tipo; e como não podemos conceber uma corrente elétrica exceto como um fenômeno cinético[30], sua energia tem de ser energia cinética, ou seja, a energia que um corpo possui em virtude de seu movimento.
>
> Já mostramos que a eletricidade no fio não pode ser considerada como o corpo em movimento no qual iremos encontrar esta energia, pois a energia de um corpo em movimento não depende de qualquer coisa externa a ele próprio, enquanto que a presença de outros corpos próximos da corrente altera sua energia.
>
> Portanto, somos levados a investigar se não pode existir algum movimento ocorrendo no espaço fora do fio, que não esteja ocupado pela corrente elétrica, mas no qual sejam manifestados os efeitos eletromagnéticos.

No Capítulo VI do segundo volume deste livro, Artigos 568 a 577, Maxwell mostrou três efeitos que deveriam manifestar-se caso a corrente elétrica fosse composta de massas inerciais em movimento:[31]

> Se fosse descoberta qualquer ação deste tipo, deveríamos ser capazes de considerar um dos tipos da eletricidade, seja o tipo chamado de positivo ou o tipo negativo, como uma substância real, e deveríamos

[27] [Max54a, Artigo 260, pág. 380], [Max83] e [Wie60, págs. 154-155].
[28] [Max54a, Artigo 260, pág. 381], [Max83] e [Wie60, págs. 154-155].
[29] [Max54b, Artigo 552] e [Max83].
[30] [Nota do Maxwell:] Faraday, *Exp. Res.* 283.
[31] [Max54b, Artigo 574, pág. 218] e [Max83].

ser capazes de descrever a corrente elétrica como um movimento real desta substância em uma direção particular. [...]

Contudo, me parece que embora derivemos grande vantagem no reconhecimento das muitas analogias entre a corrente elétrica e uma corrente de fluido material, temos de evitar cuidadosamente de fazer qualquer suposição que não seja assegurada pela evidência experimental, e até o momento não há qualquer evidência experimental que mostre se a corrente elétrica é de fato uma corrente de uma substância material, ou se é uma corrente dupla, ou se sua velocidade é grande ou pequena quando medida em pés por segundo.

Um conhecimento destas coisas equivaleria ao menos aos princípios de uma teoria dinâmica completa da eletricidade, na qual deveríamos considerar a ação elétrica, não, como neste tratado, como sendo leis gerais da dinâmica, mas como o resultado de movimentos conhecidos de porções conhecidas de matéria, na qual são considerados como os objetos de estudo não apenas os efeitos totais e os resultados finais, mas todo o mecanismo intermediário e os detalhes do movimento.

As experiências realizadas até a época de Maxwell não puderam encontrar qualquer um destes três efeitos. Foi apenas nas décadas de 1910 e de 1920 que Tolman e outros cientistas mostraram a existência de todos estes três efeitos, provando desta maneira a existência real nos condutores metálicos da massa inercial dos portadores de carga, ou seja, dos elétrons.[32] No que diz respeito à descoberta dos elétrons, ver também o trabalho de Wiederkehr.[33]

Como pode ser visto desta última citação, em seu *Treatise* Maxwell só considerava a corrente elétrica de acordo com as leis gerais da dinâmica. Ou seja, ele não considerava a corrente elétrica como sendo devida a um fluxo de matéria eletrizada.

3.5 A Concepção Inicial de uma Corrente Elétrica de Acordo com Weber

Ao contrário de Faraday e Maxwell, Weber aceitava a concepção de uma corrente como sendo devida ao fluxo de eletricidade. Além disso, considerava a corrente como tendo uma estrutura corpuscular ou atômica.[34] Inicialmente focou sua atenção apenas nas cargas positivas e negativas destas partículas, assim como em suas velocidades em relação ao fio. Nesta Seção consideramos sua concepção inicial de como seria uma corrente elétrica.

A primeira grande Memória de Weber foi publicada em 1846. Ela foi anunciada em um artigo de Fechner de 1845 indicando uma conexão entre os fenômenos eletrodinâmicos de Ampère (forças e torques entre condutores com corrente) e

[32] [TOS14], [TKG23], [TMS26], [TS16] e [O'R65].

[33] [Wie99].

[34] [O'R65, Vol. I, Cap. VII, Seção 1: Atomism in electricity].

o fenômeno das correntes induzidas descoberto por Faraday em 1831. Fechner decompôs cada elemento de corrente em duas partículas com cargas elétricas iguais e opostas, deslocando-se em relação ao fio com velocidades de mesmo módulo mas com sentidos opostos.[35] Inicialmente Weber também aceitou esta suposição de uma corrente dupla simétrica. Ele considerou a força de Ampère entre dois elementos de corrente. Supôs então cada elemento de corrente como sendo composto de cargas positivas e negativas deslocando-se em relação ao fio com velocidades iguais e opostas. Isto pode ser visto de seu trabalho:[36]

> Se agora direcionamos nossa atenção para os *fluidos elétricos* nos dois elementos de corrente, teremos neles quantidades similares de eletricidade positiva e negativa, as quais, em cada elemento, estão em movimento em sentidos opostos. Este movimento oposto simultâneo de eletricidade positiva e negativa, como estamos acostumados a assumir em todas as partes de um fio condutor linear, reconhecidamente não pode existir na realidade, contudo, pode ser visto para os nossos propósitos como um movimento *ideal*, nos casos que estamos considerando, nos quais é simplesmente uma questão de ações *à distância*, *representa* os movimentos ocorrendo de fato em relação a todas as ações que devem ser levadas em consideração e, portanto, tem a vantagem de ser mais facilmente submetido ao cálculo. O movimento lateral que de fato ocorre através do qual as partículas que se encontram no fio condutor (sendo que este fio *não forma uma linha matemática*) *evitam umas às outras*, tem de ser considerado como não tendo influência nas ações *à distância*, portanto, parece admissível para os nossos propósitos, aderir à visão simples apresentada anteriormente sobre este assunto.

Ele expressou matematicamente este modelo ideal da seguinte maneira:[37]

> Se denotamos por e e e' às massas elétricas positivas nos dois elementos [de corrente], e por u e u' às suas velocidades *absolutas*, as quais possuem um valor positivo ou negativo de acordo com o sentido da corrente, então $-e$ e $-e'$ serão as massas negativas, e $-u$ e $-u'$ serão suas velocidades *absolutas*.

Isto é, um elemento de corrente é composto de cargas elétricas opostas, e e $-e$, deslocando-se em relação ao fio com velocidades iguais e opostas, u e $-u$, respectivamente. No mesmo trabalho expressou esta suposição nas seguintes palavras:[38] "[...] cada elemento de corrente deve conter a *mesma quantidade* de eletricidade positiva e negativa, e ambas devem fluir através do elemento com *a mesma velocidade*, mas em sentidos opostos."

---

[35] [Fec45].
[36] [Web46, ver as *Obras Completas* de Weber, Vol. 3, págs. 135-136] e [Web07, pág. 83].
[37] [Web46, ver as *Obras Completas* de Weber, Vol. 3, pág. 139] e [Web07, pág. 85].
[38] [Web46, ver as *Obras Completas* de Weber, Vol. 3, pág. 203] e [Web07, pág. 133].

Weber também apresentou esta ideia de uma corrente dupla em seus trabalhos de 1855-1857 escritos em colaboração com seu amigo Rudolf Kohlrausch no qual mediram uma constante fundamental que aparecia na força de Weber.[39] Citamos aqui do trabalho de 1856:[40]

> Imaginamos que nos corpos que constituem o circuito [galvânico], sua eletricidade *neutra* está em movimento, de tal forma que toda sua componente positiva mova-se ao redor em uma direção em círculos contínuos fechados, a negativa, na direção oposta. [...] Essa medida, que será chamada de *medida mecânica* da intensidade de corrente, *coloca assim como unidade a intensidade daquelas correntes que surgem quando, na unidade de tempo, a unidade de eletricidade livre positiva flui em uma direção, e uma quantidade igual de eletricidade negativa flui na direção oposta através da seção reta do circuito.*

Em seu trabalho de 1846 Weber expressou sua crença de que este suposto movimento uniforme era apenas uma idealização. Contudo, na realidade os movimentos reais das cargas não deveriam ser uniformes, até mesmo no caso de correntes contantes:[41]

> No método para determinar a corrente galvânica dado na Seção 19, sobre o qual é baseada a lei descrevendo duas massas elétricas agindo à distância uma sobre a outra, em vez da corrente *real*, na qual a velocidade da eletricidade fluindo provavelmente flutua em sua passagem de uma partícula ponderável para a outra em uma alternação contínua, assume-se uma corrente *ideal* de velocidade *constante*. Esta substituição foi necessária para simplificar o tratamento, e ela parece admissível pois é simplesmtente uma questão de *ação à distância*.

A expressão que foi traduzida como "de uma partícula ponderável para a outra," aparece no original em alemão[42] como "von einem ponderablen Theilchen zum anderen." Em seu artigo de 1846 Weber utilizou muitas vezes o adjetivo *ponderável*, a saber, para corpos, para elementos de fio condutor, para os portadores de corrente, para condutores, para partículas e para moléculas. Provavelmente o que ele queria dizer com este adjetivo era que estes corpos "tinham peso apreciável." Com isto ele estava distinguindo estes corpos em relação às partículas elétricas que pertenciam aos elementos de corrente e que teriam massas desprezíveis. Para estas últimas partículas ele utilizava o adjetivo *imponderável*:[43]

---

[39] [Web55, ver a pág. 594 das *Obras Completas* de Weber], [WK56, págs. 597-598 das *Obras Completas* de Weber] — com tradução para o inglês em [WK03, págs. 287-288] e com tradução para o português em [WK08, págs. 94-95] —, e [KW57, págs. 614-115, 619-620 e 648].

[40] [WK56, págs. 597-598 das *Obras Completas* de Weber], com tradução para o inglês em [WK03, págs. 287-288] e com tradução para o português em [WK08, págs. 94-95].

[41] [Web46, ver as *Obras Completas* de Weber, Vol. 3, págs. 207-208] e [Web07, pág. 137].

[42] [Web46, ver as *Obras Completas* de Weber, Vol. 3, págs. 207-208].

[43] [Web46, ver as *Obras Completas* de Weber, Vol. 3, pág. 133] e [Web07, pág. 82].

A lei de Ampère não deixa nada a ser desejado quando lida com as ações recíprocas dos fios condutores, cujas correntes possuem uma *intensidade constante*, e que estão *fixas em suas posições* mútuas; contudo, tão logo ocorram mudanças na intensidade da corrente, ou tão logo os fios condutores sejam deslocados um em relação ao outro, a lei de Ampère não mais apresenta uma descrição completa e suficiente; a saber, neste caso ela apenas torna conhecidas as ações que ocorrem sobre o elemento *ponderável* de fio, mas não torna conhecidas as ações que ocorrem sobre a eletricidade *imponderável* que está contida nestes elementos de fio. Portanto, segue-se disto que esta lei é válida apenas como uma lei particular, e apenas provisoriamente pode ser considerada como uma lei fundamental; sendo ainda necessário substituí-la por uma lei definitiva com validade realmente geral, aplicável a todos os fenômenos eletrodinâmicos.

É impressionante observar que mesmo neste primeiro grande trabalho Weber já abandonava os modelos de Ørsted e de Ampère ao considerar a possibilidade de cargas positivas e negativas possuindo massas diferentes, como será visto na próxima citação. Se este fosse o caso, estas cargas elétricas deslocariam-se com velocidades de módulo diferente ao longo de um condutor que conduzisse uma corrente constante:[44]

Pelo nome de *corrente galvânica*, em contraste com outros movimentos elétricos que não estão compreendidos neste nome, deve ser entendido um movimento da eletricidade em um condutor fechado, tal que as mesmas quantidades de eletricidade positiva e negativa atravessem suas seções retas simultaneamente em sentidos opostos. Esta igualdade da eletricidade positiva e negativa *atravessando* [a seção reta] não pressupõe necessariamente a igualdade das massas positiva e negativa *em movimento*, que foi suposta anteriormente, mas em vez disso, pode existir mesmo quando as massas positiva e negativa possuem magnitudes diferentes, caso a massa *maior* desloque-se *mais lentamente*, e a massa *menor* desloque-se *mais rapidamente*.

Esta é uma grande ideia que ele desenvolveu mais tarde. Contudo, antes de apresentar sua concepção madura de uma corrente elétrica, temos de considerar a natureza das correntes moleculares. A concepção de Weber destas correntes moleculares representou seu primeiro passo em direção a um modelo planetário para o átomo.

[44][Web46, ver as *Obras Completas* de Weber, Vol. 3, pág. 204] e [Web07, pág. 134].

Capítulo 4

A Natureza das Correntes Moleculares

4.1 As Correntes Moleculares de Acordo com Ampère

Já era conhecido há séculos que a Terra orientava uma agulha magnética ao longo do meridiano magnético local. Se a agulha magnética fosse solta em repouso orientada fora do meridiano magnético local, ela seria defletida pela Terra até ficar apontando ao longo do meridiano magnético local. A experiência de Ørsted de 1820 mostrou a deflexão de uma agulha magnética ocasionada por uma corrente elétrica fluindo em suas proximidades. Ao analisar esta descoberta, Ampère supôs que as propriedades magnéticas da Terra poderiam ser devidas a correntes elétricas circulando dentro da Terra em planos paralelos ao plano do equador magnético terrestre.[1] Expressou seus pontos de vista da seguinte maneira:[2]

> A primeira reflexão que fiz quando desejei procurar as causas dos novos fenômenos descobertos pelo Sr. Oersted, foi que a ordem pela qual se descobrem dois fatos não interfere em quaisquer conclusões a que se possa chegar a partir das analogias que eles apresentam. Podíamos supor que antes de saber que a agulha imantada assume uma direção constante do sul ao norte — [devido à presença do magnetismo terrestre] — tivéssemos conhecido inicialmente a propriedade de que a agulha é girada por uma corrente elétrica [retilínea] em uma situação [em que o eixo desta agulha fica] perpendicular à esta corrente, [...]. [Se esta fosse a sequência histórica das descobertas,] a ideia mais simples e que se apresentaria imediatamente a

[1] [Wie88], [Ste03] e [Ste05].

[2] [Amp20b, págs. 202-203], com tradução para o português em [CA09, págs. 135-136], [Amp65a, pág. 152], [Blo82, págs. 72-73] e [Dar00, pág. 6].

> quem quisesse explicar a direção constante do sul ao norte, não seria supor [a existência] na terra de uma corrente elétrica [...]?

Como um ímã na forma de uma barra metálica também direciona uma agulha imantada, Ampère passou a supor a existência de correntes elétricas fluindo ao redor do eixo magnético da barra imantada em planos perpendiculares a este eixo. Postulou então que as interações magnéticas entre dois ímãs, ou entre uma agulha imantada e a Terra, eram devidas apenas a interações entre as correntes elétricas que existiriam dentro destes corpos. Esta hipótese levou-o a procurar pela existência de um fenômeno novo que ainda não havia sido observado por ninguém antes dele, a saber, a interação entre duas correntes elétricas.

Em 1820 Ampère enrolou dois fios no formato de duas espirais e colocou-as em planos paralelos de frente uma para a outra. Uma destas espirais estava fixa no laboratório, enquanto que a outra espiral podia se aproximar ou se afastar da primeira espiral. Ao passar uma corrente elétrica pelas duas espirais, foi capaz de mostrar uma atração ou repulsão entre elas, dependendo do sentido em que fluíam as correntes.[3] Esta experiência crucial criou um novo ramo de pesquisa, a saber, a interação entre dois fios conduzindo correntes elétricas. Em seguida a esta primeira experiência, Ampère também mostrou que dois fios paralelos conduzindo correntes elétricas constantes se atraem quando as correntes fluem no mesmo sentido, e se repelem quando as correntes fluem em sentidos opostos.[4]

Para caracterizar esta nova área de pesquisa, Ampère[5] criou os nomes "eletrostática" e "eletrodinâmica." A área da eletrostática descrevia a interação entre cargas em repouso, enquanto que a eletrodinâmica descrevia a interação entre cargas em movimento, tal como a interação que havia demonstrado existir entre dois fios conduzindo correntes elétricas.

As especulações de 1820 de Ampère relacionadas com correntes elétricas macroscópicas que existiriam no interior de ímãs em forma de barra foram criticadas por seu amigo A. Fresnel (1788-1827).[6] Os comentários de Fresnel só foram publicados em 1885.[7] Entre suas críticas mencionou que se o magnetismo de uma barra imantada fosse devido a correntes elétricas de dimensões macroscópicas (ou seja, fluindo em circuitos elétricos de diâmetros similares ao diâmetro da barra), então deveriam ser detectados efeitos térmicos dentro de um ímã, tal como o aquecimento por efeito Joule. Mas estes efeitos não eram observados. Para evitar as objeções de Fresnel, Ampère passou a adotar sua sugestão de janeiro de 1821 de que as correntes elétricas responsáveis pelos fenômenos magnéticos observados em barras imantadas deveriam estar restritos a dimensões moleculares ao redor dos eixos de cada molécula ou de cada partícula que compunha o ímã.

---

[3] [Amp20b] e [CA09]. Recentemente fizemos uma reprodução desta experiência utilizando materiais de baixo custo, [ASCC07] e [SCCA07].

[4] [Amp20a] e [CA07].

[5] [Amp22a] e [Blo82, pág. 78].

[6] [Blo82, págs. 98-101 e 118-125], [Hof82, págs. 334 e 343], [Hof87] e [Hof96, págs. 282-290].

[7] [Fre85a] e [Fre85b].

Em seu principal trabalho de 1826 Ampère expressou esta concepção das correntes moleculares com as seguintes palavras:[8]

> Para justificar a maneira com a qual concebi os fenômenos que apresentam os ímãs — considerando-os como conjuntos de correntes elétricas formando circuitos muito pequenos ao redor de suas partículas — [...] e da maneira como expliquei os fenômenos magnéticos por correntes elétricas formando circuitos fechados muito pequenos ao redor das partículas dos corpos imantados, [...]

4.2 Sobre as Origens da Resistência dos Condutores de Acordo com Weber

Em 1852 Weber publicou uma segunda Memória importante, a saber, *Medidas Eletrodinâmicas Relacionadas Especialmente com Medidas de Resistência*.[9] Quando uma tensão ou força eletromotriz é aplicada a um condutor, uma corrente elétrica constante passa a fluir por ele, de acordo com a lei de Ohm de 1826.[10] Weber queria entender a origem desta resistência elétrica em termos de forças microscópicas atuando sobre as cargas de condução que estavam fluindo no fio. De acordo com Weber, esta resistência em um condutor metálico surge devido a uma junção e separação contínuas ocorrendo com as cargas positivas e negativas que compõem a corrente elétrica. Isto é, elas se encontram ao colidir uma com a outra, separando-se logo em seguida por estarem fluindo em sentidos opostos, havendo em seguida novas colisões e separações entre cargas opostas, com o processo prosseguindo indefinidamente enquanto houver uma corrente no condutor. Esta concepção é de certa forma similar ao conflito elétrico de Ørsted, sendo também similar ao modelo de corrente elétrica suposto por Ampère.

No interior de condutores que estão sob a ação de forças eletromotrizes, as cargas móveis de condução sofrem uma resistência ao seu movimento progressivo ao longo da direção do fio. Para que exista uma corrente constante em um fio resistivo, é necessário a existência de uma força eletromotriz constante, ou que exista uma tensão constante entre as extremidades do condutor. Sendo um atomista, Weber não estava satisfeito com a mera existência desta lei empírica. Ele queria encontrar a essência desta resistência em termos de processos atômicos ou moleculares ocorrendo no interior do fio. Queria clarificar ou expressar este fenômeno em termos microscópicos. Em seu trabalho de 1852 tentou encontrar as origens das resistências dos condutores metálicos. Expressou-se da seguinte maneira:[11]

> 36.
> *Sobre as Origens da Resistência dos Condutores.*

---

[8] [Amp26, págs. 105 e 116], [Amp23, págs. 277 e 288], [Amp65b, págs. 192 e 196], [Cha09, págs. 259 e 267] e [AC11, págs. 452 e 460].

[9] [Web52b].

[10] [Ohm26], [Fec] e [Ram].

[11] [Web52b, Seção 36, págs. 400-403].

Para um conhecimento completo sobre a resistência [dos condutores] não é suficiente definir o valor da resistência a partir de seus efeitos, isto é, a partir do valor da corrente produzida através de uma dada força eletromotriz, já que também é necessário definir a resistência a partir de suas origens. Sem que haja esta extensão básica, fica incompleto nosso conhecimento sobre a essência da resistência, sendo o valor determinado desta resistência apenas uma quantidade auxiliar da eletrodinâmica, mas cujo significado físico real ainda é desconhecido. O motivo pelo qual a essência de suas origens ainda não foi determinado, vem do fato de que até o momento a resistência tem sido considerada apenas de acordo com os efeitos que ela produz. Determina-se apenas a dependência da resistência em relação às dimensões externas do condutor, a saber, seu comprimento e sua área de seção reta. Esta dependência apenas se refere à resistência absoluta de um fio condutor e não tem relação com a resistência específica do metal condutor, de tal forma que nada é conhecido sobre suas origens. Estas origens parecem estar tão profundamente escondidas na natureza destes corpos, que parecem ser impenetráveis às pesquisas que foram realizadas até o momento. Em resumo, a questão sobre as origens das resistências galvânicas leva a uma região da ciência que ainda não foi desenvolvida. Vou me restringir a um único argumento, isto é, qual é a relação entre esta resistência e a natureza dos fluidos elétricos, da maneira em que estes fluidos foram definidos, e com seu comportamento em uma corrente dupla, na maneira em que esta [corrente] é usualmente concebida que também será assumida aqui.

A questão sobre as origens da resistência pode ser de início atacada especificamente ao tentar saber quanto desta resistência é devida ao portador ponderável da corrente e quanto dela é devida aos fluidos elétricos contidos na corrente. É auto-evidente que a presença de canais nas partes ponderáveis, que são mais ou menos estreitos e através dos quais fluem os fluidos elétricos, pode ter uma influência sobre a corrente elétrica. Contudo, pode ser questionado se apenas isto é suficiente para clarificar a origem da resistência. Esta origem da resistência apenas limitaria a quantidade de fluido elétrico que pode participar na corrente. Contudo, pertence à essência da resistência, como sabemos a partir de seus efeitos, que não apenas a quantidade de fluido elétrico que participa no movimento da corrente é limitada pelo valor da resistência, já que também o próprio movimento é limitado. Esta limitação do movimento próprio não pode ter sua origem na mera presença de partes ponderáveis, mas pressupõe algumas forças necessárias que mantêm o equilíbrio das forças eletromotrizes do circuito que estão agindo continuamente, já que sem estas forças os fluidos elétricos teriam sempre um movimento acelerado, o que não ocorre em uma corrente constante e uniforme.

Além disso, também pode ser perguntado em que consistem estas forças que, em uma corrente uniforme e constante, mantêm o equilíbrio das forças eletromotrizes agindo continuamente, prevenindo desta forma a aceleração do fluido elétrico em seu movimento. São estas forças apenas forças puramente elétricas, ou são elas forças exercidas pelas partículas ponderáveis sobre o fluido elétrico que está passando por elas? Quando supomos em uma corrente galvânica, como sempre fizemos, dois fluidos elétricos que fluem simultaneamente através do mesmo condutor em sentidos opostos, isto então sugere que se busque por uma origem da resistência no movimento do fluido [positivo] encontrando um fluido [negativo] que está vindo no sentido oposto. Isto é, os fluidos positivo e negativo vão se combinar em misturas neutras no momento do encontro. Esta conexão neutra pode ser seguida de uma nova separação. Isto significa que uma nova decomposição somente será possível através de uma nova força eletromotriz, mas não como uma consequência da manutenção destes movimentos que os dois fluidos possuíam antes do seu encontro, já que [estes movimentos] têm de ser considerados como tendo sido abolidos através do encontro e da conexão destes fluidos. Desta consideração vem que, embora possa ser atribuído a cada fluido separadamente uma manutenção de seu movimento, não surge qualquer condição estacionária para dois fluidos deslocando-se simultaneamente em uma corrente dupla. Contudo, se esta for a origem correta do motivo pelo qual os fluidos elétricos não produzem qualquer condição estacionária pelo seu movimento em uma corrente dupla, ainda assim não ganhamos uma compreensão clara sobre o curso apropriado dos eventos, enquanto permanecerem desconhecidas as forças que causam a conexão e a agregação dos fluidos elétricos, forças estas que precisam ser superadas durante uma nova decomposição. Pode ser perguntado se precisamos levar em conta estas outras forças, além das forças que já foram determinadas através da força elétrica fundamental geral, como por exemplo, saber se são ativas forças moleculares especiais dos fluidos elétricos. Se este não fosse o caso, então o curso dos eventos durante a composição e decomposição repetida dos fluidos elétricos em uma corrente dupla seria determinada precisamente pela conhecida lei fundamental da ação elétrica. Sem esta determinação precisa permanecemos em geral apenas com algumas conjecturas já assumidas, [a saber], que a intensidade de uma corrente elétrica dupla depende, além da quantidade de fluidos elétricos que participam na corrente, do número de decomposições que acontecem em um certo tempo, e que o número destas decomposições tem de ser proporcional à força eletromotriz atuante. Por exemplo, se surgir através de uma força eletromotriz igual, que cada partícula elétrica no mesmo tempo sempre realiza um número igual de composições e de decomposições, de tal forma que fosse percorrida uma distância igual, então para uma força eletromotriz igual a velocidade u da corrente seria sempre a mesma, e então a intensidade da corrente para a mesma força eletromotriz variaria apenas com a quantidade e de carga, a qual para uma tal distância (por exemplo, em uma unidade de comprimento do condutor) está contida nela e, de fato, seria proporcional a ela, sendo que a partir disto viria que a assim chamada resistência variaria apenas com o valor de e, sendo de fato inversamente proporcional com e, o que representa aquele caso que foi introduzido como um esclarecimento no final da Seção anterior.

Isto é, de acordo com a concepção de Weber, a origem da resistência dos metais está relacionada com o encontro das cargas positivas e negativas deslocando-se em sentidos opostos no interior de um condutor conduzindo uma corrente elétrica.

4.3 As Correntes Moleculares de Acordo com Weber

Em 1839 e 1841 Weber iniciou algumas experiências relacionadas com a indução unipolar. Este foi o nome que ele cunhou para um efeito que havia sido observado pela primeira vez por Faraday em 1831. Até esta época, Weber havia considerado todos os efeitos magnéticos como sendo devidos à existência de dipolos magnéticos. Isto é, um dipolo consistindo de um fluido magnético de um tipo separado por uma pequena distância de um fluido magnético oposto. Estes fluidos magnéticos opostos são normalmente chamados de polos Norte e Sul, em analogia com as cargas + e − de um dipolo elétrico. Em seus trabalhos de 1839 e 1841, Weber começou a considerar o ponto de vista alternativo apresentado pela teoria eletrodinâmica de Ampère para considerar os fenômenos magnéticos. De acordo com esta nova perspectiva, em vez de considerar um dipolo magnético, Weber passou a considerar a possível existência de correntes galvânicas constantes existindo no interior dos ímãs. De acordo com seus trabalhos iniciais de 1839 e 1841, Weber considerava que o fenômeno da indução unipolar somente poderia ser explicado supondo a existência de fluidos magnéticos, acreditando que não seria possível explicar este fenômeno com a hipótese de Ampère sobre a existência de correntes galvânicas constantes existindo no interior dos ímãs.[12] Em 1852 Weber se corrigiu, mostrando que também a hipótese de Ampère explicava o fenômeno da indução unipolar.[13] De qualquer forma, Weber começou a pensar seriamente sobre a existência das correntes moleculares de Ampère pelo menos desde 1839. Esta concepção das correntes moleculares teve uma grande influência sobre seu trabalho futuro.

Em 1848 e 1852 Weber mostrou que a descoberta de Faraday dos fenômenos diamagnéticos (1845) só podia ser explicada supondo a existência das correntes moleculares de Ampère, não sendo possível explicá-la supondo apenas a

[12] [Web39, ver as *Obras Completas* de Weber, págs. 171-175] e [Web41].
[13] [Web52a, ver as *Obras Completas* de Weber, págs. 535-538].

existência de fluidos magnéticos.[14] Ou seja, não seria possível explicar o diamagnetismo supondo apenas a existência de polos magnéticos Norte e Sul. Era de fato necessário supor a existência das correntes moleculares de Ampère.

Na Seção 4.2 foi mostrado que de acordo com a concepção de Weber de 1852, a origem da resistência dos metais estava relacionada com a colisão das cargas positivas e negativas deslocando-se em sentidos opostos dentro de um condutor com corrente. Se este fosse o caso, então isto levaria a um problema com as correntes moleculares de Ampère. De acordo com a lei de Ohm, caso desapareça a força eletromotriz que está atuando sobre um condutor, a corrente elétrica que está fluindo neste condutor se anula. Como então seria possível ter uma corrente molecular *constante ou permanente*, como sugerido por Ampère, se ela fosse composta de cargas positivas e negativas deslocando-se em sentidos opostos em órbitas circulares ao redor da molécula e, portanto, colidindo entre si? Caso houvessem estas colisões, também estas correntes moleculares seriam resistivas. Logo, seria necessário haver uma fonte de força eletromotriz (como uma bateria) que mantivesse estas correntes moleculares com uma intensidade constante. Weber não queria introduzir esta fonte microscópica de força eletromotriz. Por outro lado, queria manter a ideia de Ampère de uma corrente molecular, já que precisava deste conceito em suas teorias do magnetismo e do diamagnetismo. A combinação da lei de Ohm com a corrente molecular de Ampère criava um problema para Weber. Mas em 1852 encontrou uma solução fascinante para este problema. Apresentamos aqui sua linha de raciocínio:[15]

> Se a origem da resistência estiver realmente contida na composição e decomposição alternada dos fluidos elétricos durante seus encontros em uma corrente dupla, isto então implicaria na impossibilidade de uma corrente dupla *constante* sem que houvesse a existência de uma força eletromotriz externa contínua, então poderíamos perguntar, como isto seria reconciliável com a suposição de *correntes moleculares constantes* [que é necessária] para a explicação dos fenômenos magnéticos e diamagnéticos. A possibilidade destas correntes moleculares tem de depender então, necessariamente, de uma ação da molécula ponderável, através da qual as órbitas dos fluidos elétricos deslocando-se ao redor de cada molécula em sentidos opostos fossem mantidas separadas entre si, nas quais, por exemplo, um fluido descreveria uma órbita circular menor ao redor da molécula enquanto que o outro fluido descreveria uma órbita circular maior, de tal forma que os dois fluidos nunca pudessem se encontrar e se unir um ao outro durante os seus movimentos.

Ou seja, caso as partículas carregadas se deslocassem em órbitas de raios diferentes centradas na molécula, elas nunca iriam se encontrar. Portanto, elas poderiam permanecer em suas órbitas sem que houvesse a necessidade da existência

[14] [Web48b, ver as *Obras Completas* de Weber, págs. 264-268] (tradução para o inglês em [Web66b]), [Web52a, ver as *Obras Completas* de Weber, págs. 535-538] e [Web52c, ver as *Obras Completas* de Weber, págs. 568-570] (tradução para o inglês em [Web66a]).

[15] [Web52b, ver as *Obras Completas* de Weber, pág. 403].

de uma força eletromotriz aplicada. Afinal de contas, nenhuma resistência surgiria durante os seus movimentos em sentidos opostos, já que elas nunca iriam colidir!

Ao desenvolver esta ideia, Weber passou a considerar que as cargas positivas permaneciam fixas junto aos átomos ponderáveis do metal. Em um modelo inicial estes átomos foram considerados como estando distribuídos uniformemente ao longo de uma linha reta. As partículas negativas se deslocariam ao redor de cada um destes átomos positivos em órbitas circulares ou elípticas, em analogia com os planetas ao redor do Sol:[16]

> Para clarificar a ordem dos eventos que ocorrem durante a composição e decomposição alternada dos fluidos elétricos em uma corrente dupla, como seria descrita pela lei fundamental da ação elétrica sem a consideração de forças moleculares especiais, é útil a seguinte consideração. Considere que em A, B, C, ..., existam massas elétricas positivas, que serão supostas inicialmente como permanecendo fixas nos lugares em que se encontram. Em a existe de fato uma massa elétrica negativa e móvel, sobre a qual a massa positiva próxima que está em A atua tão fortemente, que as ações das massas mais distantes localizadas em B, C, ..., podem ser consideradas desprezíveis. As massas localizadas em A e em a atuam uma sobre a outra com uma força que depende do valor de suas cargas, da distância entre elas, da velocidade relativa e da variação desta velocidade. Contudo, assumimos aqui a simplificação de que a correção em relação à força eletrostática (que depende das massas e de suas distâncias) que surge da velocidade relativa entre elas e da variação desta velocidade relativa é tão pequena, que estas forças também podem ser desprezadas. Segue-se destas suposições que, quando nenhuma outra força age sobre a, esta massa tem de seguir as leis do movimento através de forças centrais, que são inversamente proporcionais ao quadrado da distância [entre A e a]. Portanto, a massa a descreverá, por exemplo, uma órbita elíptica [ao redor de A] de acordo com as leis de Kepler.

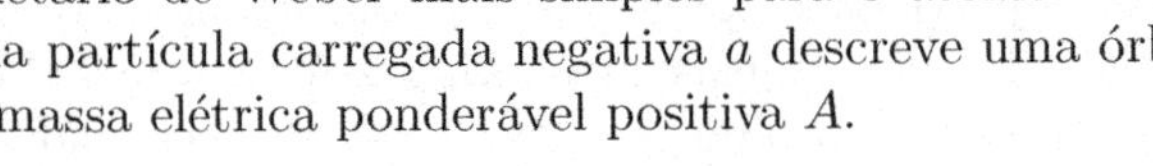

Figura 4.1: Concepção de Weber sobre uma corrente molecular de Ampère, [Web52b, ver as *Obras Completas* de Weber, pág. 403]. Esta figura representa o modelo planetário de Weber mais simples para o átomo. Nesta concepção idealizada, uma partícula carregada negativa a descreve uma órbita elíptica ao redor de uma massa elétrica ponderável positiva A.

Podemos considerar esta concepção corpuscular Weberiana da corrente molecular de Ampère como sendo seu mais simples modelo planetário para o átomo.

[16] [Web52b, ver as *Obras Completas* de Weber, págs. 403-404].

Este modelo é uma transformação ou modificação do modelo original de Ampère de uma corrente molecular. Eduard Riecke (1845-1915), que sucedeu a Weber na Universidade de Göttingen, mencionou que ao seguir esta linha de raciocínio, Weber desintegrou os anéis de Ampère, ou seja, suas correntes moleculares, transformando-os em um sistema de satélites elétricos.[17] Podemos até mesmo datar o início específico do modelo planetário de Weber para o átomo como sendo este trabalho fundamental de 1852, *Medidas Eletrodinâmicas Relacionadas Especialmente com Medidas de Resistência*.[18]

4.4 Desenvolvimentos Adicionais da Concepção de Weber sobre as Correntes Moleculares de Ampère

Em 1862 Weber apresentou mais uma vez um modelo planetário ou corpuscular para a corrente molecular de Ampère. A única diferença em relação ao seu trabalho escrito 10 anos antes, é que ele agora inverteu os sinais das cargas elétricas que estavam fixas e em órbitas elípticas. Isto é, ele supôs agora uma carga positiva orbitando ao redor de uma molécula negativa ponderável, embora se mantivesse aberto às duas possibilidades. Durante sua vida não foi possível descobrir qual modelo seria mais compatível com o comportamento da natureza. Apresentou este modelo da seguinte maneira:[19]

> Quando supomos, por exemplo, o fluido negativo como estando conectado rigidamente com a molécula, e consideramos que apenas o fluido positivo está em corrente molecular, ou vice-versa (uma concepção que é recomendável, já que é consistente com a persistência das correntes moleculares sem a existência de forças eletromotrizes), [...]

Em 1871 apresentou mais uma vez este modelo planetário para a corrente molecular de Ampère, enfatizando suas vantagens.[20] Neste trabalho considerou o movimento de duas partículas elétricas (*elektrische Theilchen*) possuindo cargas e e e' interagindo entre si de acordo com sua lei de força. Weber atribuiu massas ε e ε' a estas partículas carregadas, considerando estas massas muito menores do que as massas dos átomos ou das moléculas ponderáveis. Ele já havia introduzido massas inerciais para os fluidos elétricos em 1864, como será discutido na Seção 6.2. Também considerou a possibilidade de que cada uma destas partículas elétricas pudesse se aderir a um átomo ou molécula ponderável de massa m. Estes átomos ou moléculas carregados eletricamente são chamados hoje em dia de *íons*. No que diz respeito às ordens de grandeza das massas ε e m, fez o seguinte comentário extremamente interessante:[21]

---

[17] [Rie92, pág. 25].
[18] [Web52b].
[19] [Web62, pág. 95].
[20] [Web71, ver as *Obras Completas* de Weber, págs. 281-285] e [Web72, págs. 132-136].
[21] [Web71, ver as *Obras Completas* de Weber, pág. 251] e [Web72, pág. 3].

> Em muitos casos a massa elétrica ε está conectada com uma massa ponderável m, de tal forma que é impossível para ela mover-se independentemente [da massa ponderável]; em tais casos, apenas é relevante a massa combinada $m + \varepsilon$ e, em geral, ε pode ser considerada como sendo desprezivelmente menor em comparação com m. Consequentemente, apenas raramente as massas ε e ε' precisam ser levadas em consideração.

É impressionante que mesmo sem conhecer a ordem de grandeza da massa ε, Weber já tenha suspeitado que ela seria muito menor do que a massa das partículas ponderáveis. Ao longo deste artigo, considerou o movimento de duas partículas de cargas e e e' interagindo entre si de acordo com sua lei de força. Como usual, atribuiu massas inerciais ε e ε' a estas partículas. Na Seção 15 deste artigo, Weber deu um outro nome a estas partículas carregadas, a saber, *átomos elétricos* (*elektrische Atome*).[22] Fez então um comentário similar:

> Pois na distribuição geral da eletricidade tem de ser assumido que um átomo de eletricidade se fixa a cada átomo ponderável. Mas caso átomos de eletricidade se fixem firmemente a átomos ponderáveis, nada será alterado nas relações dos átomos elétricos a não ser as *massas* que necessitam ser deslocadas pelas forças atuando sobre os átomos elétricos. Mas nos desenvolvimentos anteriores as *massas* foram deixadas como sendo indeterminadas, sendo denotadas simplesmente por ε e ε'; enquanto que as próprias partículas elétricas, às quais pertencem as massas ε e ε', são determinadas, sem um conhecimento dos valores de ε e ε', pelas quantidades mensuráveis e e e'. Se agora considerarmos os valores de ε e ε' como sendo tão grandes de forma a incluir as massas dos átomos ponderáveis fixados aos átomos elétricos, todos os resultados a que chegamos com referência inicial apenas aos *átomos elétricos*, podem também ser aplicados aos átomos ponderáveis combinados com os átomos elétricos.

Isto é, neste caso a massa deste átomo ponderável eletrizado (que seria chamado hoje em dia de íon, com uma massa total dada por $\varepsilon + m$ ou por $\varepsilon' + m'$) também foi representada por ε ou por ε'.

Ele considerou o movimento de duas cargas com sinais opostos interagindo entre si de acordo com sua lei de força fundamental. Mostrou que havia uma solução para este problema na qual estas partículas carregadas orbitavam uma ao redor da outra enquanto mantinham uma distância mútua constante. Afirmou o seguinte na Seção 17 deste trabalho, que era dedicada a uma discussão das correntes moleculares de Ampère:[23]

> A relação entre as partículas no que diz respeito às suas participações no movimento depende da razão de suas massas ε e ε'; e, de acordo

---

[22] [Web71, ver as *Obras Completas* de Weber, pág. 279] e [Web72, pág. 130].
[23] [Web71, ver as *Obras Completas* de Weber, pág. 281] e [Web72, pág. 132].

> com a Seção 15, os valores de ε e ε' têm de incluir as massas dos átomos ponderáveis que estão fixos aos átomos elétricos. Seja e a partícula elétrica positiva, e seja a partícula negativa igual e oposta a ela, portanto, seja ela representada por $-e$ (em vez de e'). Agora vamos supor que um átomo ponderável se fixa apenas a esta última [partícula negativa], de tal forma que sua massa seja tão aumentada que a massa da partícula positiva torne-se desprezível em comparação com ela. A partícula $-e$ pode então ser considerada como estando em repouso, estando apenas a partícula $+e$ em movimento ao redor da partícula $-e$.

Na conclusão desta Seção, Weber mostrou que este modelo era completamente compatível com as correntes moleculares de Ampère por dois motivos principais, a saber:[24]

> Portanto, vem que uma partícula elétrica $+e$ deslocando-se em um círculo ao redor da partícula elétrica $-e$ exerce sobre todas as correntes galvânicas os mesmos efeitos que aqueles supostos por Ampère no caso de suas correntes moleculares.
>
> Contudo, as correntes moleculares supostas por Ampère diferem essencialmente de todas as outras correntes galvânicas neste aspecto de que, de acordo com a suposição de Ampère, elas *persistem* mesmo sem uma força eletromotriz; enquanto que todas as outras correntes galvânicas, de acordo com a lei de Ohm, são proporcionais à força eletromotriz, e *deixam de existir* quando desaparece a força eletromotriz. Mas é evidente que a partícula elétrica $+e$, mencionada anteriormente, tem de continuar indefinidamente por si própria, sem [que esteja atuando uma] força eletromotriz, seu movimento rotatório ao redor da partícula $-e$ e, portanto, tem de corresponder totalmente também neste aspecto às correntes moleculares supostas por Ampère.
>
> De acordo com isto obtemos desta forma, como uma dedução das *leis do estado de agregação molecular de duas partículas elétricas diferentes*, desenvolvida na Seção anterior, uma construção simples para as correntes moleculares que foram supostas por Ampère sem que [ele] desse provas de que a existência [destas correntes moleculares] fosse possível.

Todas estas citações indicam claramente que uma das origens do modelo planetário de Weber para o átomo estava relacionada com sua concepção sobre a natureza das correntes moleculares de Ampère. Seu ponto de vista atomístico forneceu a Weber a chave para bolar um modelo planetário no qual uma partícula eletrizada orbitaria ao redor de uma partícula eletrizada com uma carga oposta. Como estas cargas não se encontravam durante seus movimentos, não havia

[24][Web71, ver as *Obras Completas* de Weber, pág. 285] e [Web72, págs. 135-136].

resistência e esta órbita podia prosseguir indefinidamente sem a presença de qualquer força eletromotriz. Além disso, Weber foi capaz de mostrar matematicamente que, de acordo com sua própria lei de força entre cargas pontuais, este sistema planetário exerceria uma força sobre uma corrente galvânica externa que era exatamente igual à força produzida por uma corrente molecular de Ampère atuando sobre esta corrente galvânica externa, sendo esta interação expressa pela lei de força de Ampère atuando entre elementos de corrente.

Os pontos de vista de Weber sobre a corrente molecular de Ampère foram então a principal inspiração que levaram à sua concepção madura sobre a natureza de uma corrente elétrica. O modelo planetário de Weber para uma corrente molecular de Ampère resolveu o problema de como esta corrente molecular poderia existir indefinidamente em um estado estacionário sem que houvesse uma fonte microscópica de força eletromotriz. Esta concepção planetária foi baseada na suposição de uma carga de um sinal estar fixa com a molécula pesada. Ao mesmo tempo, uma carga de sinal oposto e massa desprezível (comparada com a massa da molécula), orbitaria ao redor da molécula assim como um planeta orbita ao redor do Sol. As evidências disponíveis naquela época não permitiam a Weber decidir se a partícula que orbitava ao redor da molécula possuía carga positiva ou negativa, o mesmo valendo para a carga oposta presente na molécula. Por este motivo, deixou esta questão em aberto naquele momento, estando aberto às duas possibilidades. Ou seja, tanto poderia ser uma molécula pesada positiva com uma carga negativa orbitando ao seu redor, quanto uma molécula pesada negativa com uma carga positiva orbitando ao seu redor.

Capítulo 5

A Evolução da Concepção de Weber sobre uma Corrente Elétrica — Começando com uma Corrente Dupla até Chegar em uma Corrente Simples

Em 1846 Weber havia suposto uma corrente dupla de cargas positivas e negativas deslocando-se em relação ao fio com velocidades iguais e opostas, como visto na Seção 3.5. Em 1852 considerou um outro modelo para uma corrente elétrica. Supôs agora que as cargas positivas permaneciam fixas junto aos átomos ponderáveis do metal. Em um primeiro modelo estes átomos foram considerados como estando distribuídos uniformemente ao longo de uma linha reta. As cargas negativas orbitavam ao redor de cada uma destes átomos positivos em órbitas circulares ou elípticas, assim como os planetas orbitam ao redor do Sol. Vamos considerar uma carga negativa específica que está orbitando ao redor de um primeiro átomo positivo que está fixo na rede cristalina do metal. Se for aplicada uma tensão ou força eletromotriz ao longo do condutor, esta carga negativa começaria a se deslocar ao longo de uma linha espiral ao redor do primeiro átomo positivo, com raio aumentando continuamente. Eventualmente ela chegaria na esfera de influência de um outro átomo positivo, começando a orbitar ao redor dele. Se a força eletromotriz aplicada continuar a atuar por algum tempo, a carga negativa seguirá uma outra linha espiral ao redor deste segundo átomo positivo, até que chegue à esfera de influência de um terceiro átomo positivo, começando a orbitar ao redor dele. Este movimento continuaria indefinidamente, produzindo na média um movimento uniforme das cargas negativas ao longo da direção do condutor. De acordo com Weber, a resistência dos metais tinha sua origem nas forças centrípetas exercidas pelas cargas positivas. Se a força eletromotriz parasse de atuar, as cargas negativas continuariam a orbitar ao redor do último átomo positivo ao redor do qual estivessem circulando anteriormente. Sua descrição foi apresentada da seguinte forma:[1]

> Contudo, vai surgir uma perturbação neste movimento da massa considerada que se desloca ao redor de A [ver a Figura 4.1], tão logo comece a agir sobre esta massa, além da força central, uma força eletromotriz paralela à linha AB. Os elementos do movimento elíptico anterior serão continuamente modificados, e a órbita da massa considerada vai se transformar em uma linha espiral, na qual esta massa vai se afastar tanto de A, que passará da esfera de influência de A para a esfera de influência de B, e assim por diante, após ela ter descrito várias voltas espirais ao redor de B, de tal forma que ela se afastará tanto de B, que vai chegar à esfera de influência de C. Desta forma uma força eletromotriz pode produzir uma corrente da eletricidade negativa ao longo do sentido ABC, na qual as massas positivas A, B, C não participam. A essência desta consideração consiste no seguinte, que tão logo a força eletromotriz deixe de atuar, a massa considerada passará a se deslocar imediatamente de acordo com as leis de Kepler em uma órbita elíptica ao redor da massa positiva que estiver mais próxima a ela neste momento, devido ao fato de que com a ausência da força perturbadora não vai acontecer qualquer outra mudança nos elementos de seu movimento central. Vemos assim em relação a isto que nada seria modificado se as massas positivas A, B, C, ..., também fossem consideradas móveis e fossem submetidas, além da força central exercida pelas massas negativas próximas de onde elas se encontram, à influência perturbadora da força eletromotriz que, contudo, teria para estas massas positivas o sentido oposto em relação às massas negativas. Deste raciocínio segue o seguinte resultado. Quando apenas a força eletromotriz c estivesse agindo sobre a massa negativa considerada, então esta massa iria adquirir uma velocidade ct ao longo da direção ABC durante o tempo t, com a qual esta massa, mesmo depois que a força [eletromotriz] c tivesse deixado de atuar, teria de continuar a manter seu movimento ao longo da direção AB. Contudo, com a contribuição conjunta das forças centrais exercidas pelas massas positivas A, B, C, ..., a força eletromotriz c iria causar de forma similar, enquanto estiver agindo, um esforço contínuo sobre a massa considerada ao longo da direção ABC, porém, tão logo a força [eletromotriz] c deixe de atuar, este empurrão contínuo deixará de existir, isto é, este empurrão contínuo sobre a massa considerada ao

---

[1] [Web52b, págs. 404-405].

longo da direção ABC não mais existirá com uma velocidade duradoura, após a força [eletromotriz] cessar sua ação, que havia trazido o empurrão contínuo. Portanto, o motivo pelo qual a massa considerada não continua seu movimento ao longo da direção ABC, após a força eletromotriz cessar sua atuação, é devido às forças centrais exercidas pelas massas positivas sobre a massa negativa considerada. Mas a palavra *resistência* designa na teoria do circuito galvânico nada mais do que o fato de que o movimento contínuo dos fluidos elétricos nas correntes galvânicas é proporcional à força eletromotriz, isto é, ele deixa de existir tão logo a força eletromotriz pare de atuar. Portanto, segue-se que a causa da resistência pode estar nas *forças centrais*, as quais atuam mutuamente sobre as massas positivas e negativas da corrente elétrica dupla. Seria importante para uma análise teórica mais ampla, deduzir disto uma definição clara e precisa da resistência e desenvolver no que consistem seus efeitos. Isto dependeria essencialmente de uma determinação do tempo necessário para uma partícula se deslocar em sua órbita espiral em uma volta ao redor de uma massa central A até uma volta equivalente ao redor da massa central seguinte B. Contudo, a teoria das perturbações da astronomia mostra que estas determinações, mesmo quando são dados todos os elementos relevantes para o cálculo, apresentam grandes dificuldades.

A ideia de Weber de que a força resistiva poderia ser devida a uma força central Newtoniana variando como $1/r^2$ não nos parece factível por dois motivos principais:[2] (1) As forças Newtonianas são conservativas, e (2) não dependem das velocidades dos corpos que estão interagindo. A força resistiva responsável pela lei de Ohm, por outro lado, é uma força não-conservativa, além de ser proporcional às velocidades de arraste das cargas móveis em relação ao fio, agindo no sentido contrário ao movimento destas cargas.[3] Portanto, a origem da força resistiva tem de ser procurada em alguma outra fonte. Este é um tópico muito difícil na física. Mesmo hoje em dia não há uma resposta clara para esta questão.

Até este momento ainda não era claro para Weber o que acontecia com a energia cinética extra ganha pelas cargas móveis durante suas transferências entre as massas estacionárias vizinhas, sendo que esta energia adicional era devida à aplicação da força eletromotriz externa. No Capítulo 7 veremos que em 1875 Weber encontrou uma possível solução para este problema.

A ideia de uma corrente dupla havia sido proposta anteriormente por Ørsted, Ampère e pelo próprio Weber em 1846 e no período 1855-57. Contudo, a partir desta época Weber passou a supor apenas uma corrente simples. Ou seja, uma corrente elétrica na qual as cargas que se moviam em relação ao fio eram eletrizadas apenas com cargas de um tipo. As cargas opostas eram então

[2][AH09, Apêndice A: Wilhelm Weber e as Cargas Superficiais, págs. 205-222] e [AH07, Appendix A: Wilhelm Weber and Surface Charges, págs. 195-211].

[3][Ass97].

supostas fixas em relação ao condutor. Ele manteve esta suposição até o final de sua vida, como pode ser visto em seu artigo de 1871,[4] em seu trabalho de 1875, *Sobre o movimento da eletricidade em corpos de constituição molecular*,[5] e em seu trabalho póstumo, *Determinações de medida eletrodinâmica: Particularmente com relação à conexão das leis fundamentais da eletricidade com a lei da gravitação*.[6] Citamos deste último artigo:[7]

> É interessante prosseguir neste desenvolvimento atual da pesquisa física e, de fato, observamos que:
>
> *Em primeiro lugar*, que a *teoria do magnetismo* só pode ser absorvida pela teoria da eletricidade com a *suposição de partes móveis no interior* de todos os corpos magnéticos e magnetizáveis, isto é, *moléculas elétricas positivas*, que formam *correntes moleculares* ao redor de moléculas ponderáveis eletrizadas *negativamente*, no interior de todos os corpos magnetizáveis.
>
> *Em segundo lugar*, pela consideração adicional de que a *teoria do galvanismo e do calor*, para que possam de maneira similar ser absorvidas pela teoria da eletricidade, também precisam pressupor partes móveis no interior de todos os condutores galvânicos e de todos os condutores de calor; sendo que, contudo, não é necessário de forma alguma que sejam *partes diferentes* que produzem *no interior dos corpos ponderáveis, magnetismo*, e *outras [partes móveis]* que produzam o movimento do *galvanismo*, e ainda outras, cujos movimentos produzam *calor*; em vez disto, [pode ser] que *as mesmas partes*, de acordo com a diferença de seus movimentos, possam produzir *magnetismo, galvanismo* e *calor*, algumas vezes simultaneamente, algumas vezes separadamente, e que estas partes móveis no interior dos corpos ponderáveis sejam *moléculas de uma eletricidade*, que têm de ser chamadas de *eletricidade positiva*.
>
> *Em terceiro lugar*, é para ser considerado que os movimentos destas moléculas elétricas positivas ao redor das *moléculas ponderáveis* dos corpos eletrizadas negativamente, *ou* formam órbitas fechadas — ou órbitas espirais diferindo apenas ligeiramente das órbitas circulares com diâmetro aumentando e diminuindo *periodicamente* — *ou então* formam órbitas de formato espiral com diâmetro aumentando continuamente, por meio das quais elas finalmente se transformam em uma trajetória balística, efetuando desta maneira a transferência desta molécula elétrica de *uma molécula ponderável* para *uma outra molécula ponderável vizinha*, sendo que é através deste meio que são baseados em parte a *condução elétrica*, e em parte as *correntes galvânicas* em condutores metálicos.

---

[4] [Web71, ver as *Obras Completas* de Weber, Seções 17-19, págs. 281-294] e [Web72, págs. 132-144].

[5] [Web75, págs. 340-342].

[6] [Web94a, págs. 479-480 e 499] e [Web08, págs. 2-3 e 28].

[7] [Web94a, págs. 479-480] e [Web08, págs. 2-3].

> *Em quarto lugar*, e finalmente, deve ser considerado além disso, que por meio da *indução magnética ou eletrodinâmica a partir do exterior*, possam ser excitadas correntes circulares ao redor das *moléculas ponderáveis* de um corpo, ou que então correntes circulares já existentes possam ser *ampliadas*, *enfraquecidas*, ou *tenham suas direções alteradas*.

Em resumo, a partir de 1852 ele passou da concepção de uma corrente galvânica dupla para a concepção de uma corrente elétrica sendo composta pelo fluxo de cargas de um único tipo (apenas positivas, ou então apenas negativas).

No próximo Capítulo consideramos uma outra origem para o seu modelo planetário do átomo. Desta vez esta origem está relacionada diretamente com sua lei de força fundamental que ele havia proposto em 1846.

Capítulo 6

O Movimento de Duas Partículas Eletrizadas Interagindo de Acordo com a Força de Weber

6.1 A Força e a Energia Potencial de Weber

Em 1846 Weber publicou seu trabalho intitulado *Determinações de medida eletrodinâmica: Sobre uma lei universal de ação elétrica.*[1] Neste artigo apresentou sua força fundamental de interação entre duas partículas carregadas. Esta força foi a base de todo o seu trabalho posterior em eletrodinâmica. Sua força depende não apenas da distância entre as duas cargas que estão interagindo, mas também da velocidade radial relativa entre elas, assim como da aceleração radial relativa entre elas. Deduziu esta lei a partir da força de Ampère entre elementos de corrente, apresentada em sua forma final por Ampère em 1822.[2] Em um elemento de corrente ids, a intensidade de corrente é representada por i, enquanto que o comprimento infinitesimal do elemento é representada por ds. As forças de Ampère e de Weber, assim como a força gravitacional de Newton (1687) e a força eletrostática de Coulomb (1785), representam ações à distância.

Em 1846 Weber obteve[3] a seguinte lei de força entre duas cargas e e e' separadas por uma distância r, deslocando-se uma em relação à outra com uma velocidade radial relativa dr/dt e com uma aceleração radial relativa d^2r/dt^2:

$$\frac{ee'}{r^2}\left(1-\frac{a^2}{16}\frac{dr^2}{dt^2}+\frac{a^2}{8}r\frac{d^2r}{dt^2}\right) . \tag{6.1}$$

[1] [Web46] e [Web07].

[2] [Amp22b].

[3] [Web46, ver as *Obras Completas* de Weber, pág. 157] e [Web07, pág. 98].

Em 1852 substituiu a constante $a^2/16$ pela constante $1/c^2$. Desta maneira sua lei de força foi expressa como:[4]

$$\frac{ee'}{r^2}\left(1-\frac{1}{c^2}\frac{dr^2}{dt^2}+\frac{2r}{c^2}\frac{d^2r}{dt^2}\right) . \tag{6.2}$$

A constante c de Weber não tem o mesmo valor que a velocidade da luz no vácuo, embora hoje em dia esta última grandeza também seja representada por c. Para evitar confusões vamos representar neste trabalho a velocidade da luz no vácuo por $c_L = 2,998 \times 10^8$ m/s). A constante c de Weber vale $\sqrt{2}$ vezes a velocidade da luz no vácuo, ou seja, $c = \sqrt{2}c_L = 4,24 \times 10^8$ m/s. A constante c de Weber foi medida pela primeira vez por Weber e Rudolph Kohlrausch em 1855-1856. O resultado final[5] que obtiveram pode ser expresso como $c = 4,39 \times 10^8$ m/s.

Existem muitos trabalhos modernos discutindo a constante de Weber, a sua lei de força,[6] a velocidade da luz e a teoria ondulatória da luz.[7]

Em 1848 Weber mostrou que sua lei de força podia ser derivada a partir de uma energia potencial que dependia da velocidade.[8] Em 1871 expressou[9] sua energia potencial pela seguinte expressão:[10]

$$V=\frac{ee'}{r}\left(1-\frac{1}{c^2}\frac{dr^2}{dt^2}\right) . \tag{6.5}$$

A força dada pela Eq. (6.2) pode ser obtida a partir de V através de uma derivada simples, a saber, $-dV/dr$.

---

4 [Web52b, ver as *Obras Completas* de Weber, pág. 366].

5 [Web55, ver as *Obras Completas* de Weber, pág. 594], [WK56, ver as *Obras Completas* de Weber, pág. 605] (tradução para o inglês em [WK03] e tradução para o português em [WK08]), [KW57, ver as *Obras Completas* de Weber, pág. 652] e [WK68].

6 Em notação vetorial moderna e no Sistema Internacional de Unidades SI podemos expressar a força $\vec{F}$ de Weber exercida pela carga e sobre a carga e' como sendo dada por:

$$\vec{F}=\frac{ee'}{4\pi\varepsilon_0}\frac{\hat{r}}{r^2}\left(1-\frac{\dot{r}^2}{c^2}+\frac{2r\ddot{r}}{c^2}\right)=\frac{ee'}{4\pi\varepsilon_0}\frac{\hat{r}}{r^2}\left(1-\frac{\dot{r}^2}{2c_L^2}+\frac{r\ddot{r}}{c_L^2}\right) . \tag{6.3}$$

Nesta equação $\varepsilon_0 = 8,85 \times 10^{-12}$ $C^2N^{-1}m^{-2}$ é chamada de permissividade do vácuo, $\hat{r}$ é o vetor de módulo unitário apontando de e para e', a velocidade radial relativa é representada por $\dot{r} \equiv dr/dt$, a aceleração radial relativa é representada por $\ddot{r} \equiv d^2r/dt^2$ e $c_L = c/\sqrt{2} = 2,998 \times 10^8$ m/s é a velocidade da luz no vácuo.

7 [Wie60, págs. 107-113], [Wie67, págs. 138-141], [Wie93], [Ass92], [Wie94], [Ass94], [Ass95], [Ass98, Seção 11.2, págs. 298-307], [Ass99, Seção 11.2, págs. 244-249], [ARW02], [ARW04], [Wie04], [AH07, Seção 1.4, págs. 14-20] e [AH09, Seção 1.4, págs. 32-39].

8 [Web48a, ver as *Obras Completas* de Weber, pág. 245] com tradução para o inglês em [Web66c].

9 [Web71, ver as *Obras Completas* de Weber, Seção 4, pág. 257 e Seção 5, pág. 259, Nota de Rodapé 1] e [Web72, Seção 4, pág. 10 e Seção 5, pág. 11, Nota de rodapé].

10 No Sistema Internacional de Unidades SI a energia potencial de Weber é escrita da seguinte maneira:

$$V=\frac{1}{4\pi\varepsilon_0}\frac{ee'}{r}\left(1-\frac{\dot{r}^2}{c^2}\right)=\frac{1}{4\pi\varepsilon_0}\frac{ee'}{r}\left(1-\frac{\dot{r}^2}{2c_L^2}\right) . \tag{6.4}$$

6.2 A Introdução por Weber de uma Massa Inercial para os Fluidos Elétricos

Em 1864 Weber introduziu explicitamente a massa inercial de uma partícula eletrizada:[11]

> De acordo com nosso conhecimento atual, temos de fato de atribuir uma *massa* para a eletricidade considerando-a como um corpo, e esta massa exerce uma *força* sobre uma massa similar a ela; contudo, ainda está faltando o conhecimento sobre a *razão* desta massa para esta força. O conhecimento desta *razão* não era necessário, enquanto lidamos apenas com *fenômenos de equilíbrio* ou com *movimento constante*, quando então é suficiente o conhecimento das *forças*; sendo que os diferentes valores da eletricidade podiam ser distinguidos entre si, em vez de utilizando suas massas, de acordo com o valor das *forças* que agiam sobre uma mesma quantidade de eletricidade na unidade de distância, e este último valor da eletricidade podia ser determinado através da *força* que surge em uma quantidade *igual* de eletricidade [que está separada da quantidade anterior de eletricidade] na unidade de distância. Uma quantidade de eletricidade determinada desta forma era de fato a assim chamada *unidade de medida eletrostática.* Contudo, quando não estamos lidando apenas com o *equilíbrio* ou com a mera *conservação de um movimento já existente*, mas [ao lidar] com uma quantidade de eletricidade que recebe um *novo movimento*, que ela não possuía anteriormente, então é necessário também o conhecimento sobre a *massa* da eletricidade que é colocada em movimento, ou a *razão* desta massa para a força exercida por ela, na unidade de distância, sobre a unidade eletrostática de medida, isto é, um conhecimento sobre o *número de unidades eletrostáticas de medida, que estão contidas na eletricidade com uma unidade de massa* (miligrama).

Na sexta grande Memória de Weber publicada em 1871,[12] Weber considerou o movimento de duas partículas com cargas e e e' interagindo entre si de acordo com sua lei de força, Eq. (6.2). As masssas inerciais das partículas foram expressas por, respectivamente, ε e ε'. Neste caso, estava considerando um sistema de unidades para o qual a unidade de massa é um miligrama.[13] Para cargas positivas, designou a razão de carga para massa por um símbolo $a > 0$, ou seja, $e/\varepsilon = e'/\varepsilon' = a$. Já para as massas negativas designou a razão carga para massa por um símbolo $b < 0$, ou seja, $e/\varepsilon = e'/\varepsilon' = b$. Esta constante a não deve ser confundida com a constante a da Eq. (6.1). Acreditamos que Weber tenha sido o primeiro cientista a considerar explicitamente um partícula carregada contendo uma massa inercial. Além disso, supôs que apenas a experiência podia

[11] [Web64, ver as *Obras Completas* de Weber, pág. 181].
[12] [Web71], traduzida para o inglês em [Web72].
[13] [Web71, ver as *Obras Completas* de Weber, págs. 250-251] e [Web72, págs. 2-3].

decidir sobre o valor da razão de a^2 para b^2. Como o valor desta razão não foi obtido durante sua vida, deixou esta questão em aberto nos seus trabalhos. Esta foi uma percepção impressionante que veio a se mostrar extremamente útil no futuro. Por exemplo, hoje em dia temos conhecimento dos prótons e dos elétrons. O módulo de suas cargas tem o mesmo valor, mas possuem massas diferentes. Na linguagem de Weber isto significa que a razão a^2/b^2 seria diferente de 1 se considerarmos o valor de a para um próton e o valor de b para um elétron.

As palavras específicas de Weber foram as seguintes:[14]

> 1. *Partículas elétricas e massas elétricas.*
>
> Partículas de eletricidade positiva e negativa são denominadas pelas mesmas letras, por exemplo, por e ou por e' etc., mas designa-se um valor positivo ou negativo para e ou para e'... dependendo se representam uma partícula de fluido positivo ou negativo.
>
> [...] Pois se designarmos as *massas* das partículas e e e' (no sentido mecânico, de acordo com o qual a unidade de massa [1 miligrama] é determinada pela massa de *um* corpo ponderável, e massas diferentes são comparadas entre si proporcionalmente ao recíproco das acelerações produzidas nelas pela mesma força) por ε e ε', cujos valores são sempre positivos, obtemos para os valores *positivos* de e e e',
>
> $$\frac{e}{\varepsilon} = \frac{e'}{\varepsilon'} = a \ ;$$
>
> já para os valores negativos de e e e' obtemos
>
> $$\frac{e}{\varepsilon} = \frac{e'}{\varepsilon'} = b \ ,$$
>
> onde a tem um valor definido *positivo* e b tem um *valor negativo* definido. Se temos ou não $a^2 = b^2$, ou qual é o valor da razão de a^2 para b^2, ainda não foi determinado [experimentalmente], assim como ainda não temos os valores numéricos de a ou de b.

6.3 As Equações de Movimento de Weber e Sua Distância Crítica

Para estudar o movimento de duas cargas interagindo entre si de acordo com sua lei de força, Weber considerou situações separadas. Na primeira situação as cargas se deslocariam apenas ao longo de uma reta conectando-as. Na segunda situação permitiu que seus movimentos tivessem componentes ortogonais

[14][Web71, ver as *Obras Completas* de Weber, págs. 249-251] e [Web72, págs. 2-3].

à linha reta que as unia, de tal forma que uma partícula carregada pudesse descrever uma órbita ao redor da outra partícula carregada. Vamos considerar inicialmente a primeira situação.[15]

A força de Weber conserva energia, como foi mostrado pelo próprio Weber. Isto significa que a energia potencial de duas partículas somada com suas energias cinéticas é uma constante no tempo caso elas não estejam interagindo com outros corpos. Weber definiu r_0 como sendo a distância entre as cargas quando a velocidade radial relativa entre elas se anula, ou seja, quando $dr/dt = 0$. Suas palavras foram as seguintes:[16] "r_0 denotando o valor de r no instante em que $dr/dt = u = 0$."

Ele também definiu[17] uma distância crítica ρ pelo seguinte valor:[18]

$$\rho \equiv 2\left(\frac{1}{\varepsilon} + \frac{1}{\varepsilon'}\right)\frac{ee'}{c^2} . \tag{6.7}$$

A distância crítica ρ foi designada por Weber como sendo uma "distância molecular" em seu artigo de 1871.[19] Embora Weber ainda não pudesse determinar o valor exato desta constante, sabia que ela seria extremamente pequena e por este motivo chamou-a de distância molecular. Mais tarde também utilizou[20] a expressão "distância crítica." Weber designou de "movimentos moleculares" aos casos em que as partículas estavam deslocando-se entre si separadas por distâncias r menores do que ρ, designando[21] ainda de "movimentos à distância" aos casos para os quais $r > \rho$. Mostrou que não haviam transições de movimentos à distância para movimentos moleculares, desde que as duas partículas estivessem interagindo entre si apenas de acordo com sua lei de força. Isto é, caso o movimento tivesse início com $r < \rho$, ele continuaria sempre dentro desta distância crítica. Por outro lado, caso ele começasse com $r > \rho$, permaneceria sempre fora desta distância crítica. Esta distância crítica ou molecular representada por ρ pode ter um valor positivo ou negativo, dependendo do sinal do produto ee'.

Com estas definições de r_0 e ρ, e aplicando conservação da energia, Weber obteve a seguinte equação de movimento descrevendo a interação de duas partículas carregadas deslocando-se ao longo da linha reta que as une:[22]

---

[15] Para uma solução completa deste problema no Sistema Internacional de Unidades, ver [AC92].

[16] [Web71, ver as *Obras Completas* de Weber, pág. 269] e [Web72, pág. 120].

[17] [Web71, ver as *Obras Completas* de Weber, pág. 269] e [Web72, pág. 120].

[18] A distância crítica ρ é definida no Sistema Internacional de Unidades SI pela seguinte expressão:

$$\rho \equiv \frac{ee'}{4\pi\varepsilon_0}\left(\frac{1}{\varepsilon} + \frac{1}{\varepsilon'}\right)\frac{2}{c^2} = \frac{ee'}{4\pi\varepsilon_0}\frac{\varepsilon + \varepsilon'}{\varepsilon\varepsilon'}\frac{1}{c_L^2} . \tag{6.6}$$

[19] [Web71, ver as *Obras Completas* de Weber, pág. 298] e [Web72, pág. 148]. Uma discussão e referências sobre este conceito podem ser obtidas em [Wie60, págs. 140, 211, 212, 217 e 226], [AC92] e [AW03].

[20] [Web94a, ver as *Obras Completas* de Weber, pág. 492], com tradução para o inglês em [Web08, pág. 18].

[21] [Web71, págs. 268 e 271] e [Web72, págs. 119 e 121].

[22] Apresenta-se aqui a dedução desta equação no Sistema Internacional de Unidades SI.

$$\frac{dr^2}{dt^2} = \frac{r - r_0}{r - \rho} \frac{\rho}{r_0} c^2 . \qquad (6.13)$$

Na sequência deste trabalho, Weber considerou a segunda situação. Isto é, permitiu que houvessem movimentos das partículas com componentes ortogonais à reta que as une, de tal forma que pudessem descrever órbitas uma ao redor da outra.[23] Neste segundo caso, obteve resultados análogos aos anteriores, mas agora com movimentos em duas ou três dimensões, não estando mais restritos ao caso unidimensional de uma reta. Para esta situação mais geral, Weber[24] obteve a seguinte equação de movimento:[25]

Consideramos duas partículas ao longo do eixo x, deslocando-se ao longo da linha reta que as une. De acordo com a conservação da energia, a soma da energia potencial de Weber V com a energia cinética T tem um valor constante ao longo do tempo para um sistema de duas cargas interagindo entre si de acordo com a lei de Weber. As cargas destas duas partículas são representadas por e e e', enquanto que suas massas inerciais são representadas por ε e ε', respectivamente. A lei de conservação da energia pode ser escrita como:

$$V + T = V_0 + T_0 , \qquad (6.8)$$

onde V_0 e T_0 são os valores iniciais de V e de T. As distâncias das cargas e e e' até a origem do sistema de coordenadas são representadas por r_1 e r_2, respectivamente. A distância r entre as duas partículas é dada por $r = r_1 + r_2$, já que as duas são consideradas ao longo do eixo x. A velocidade radial $dr/dt = \dot{r}$ entre estas duas partículas é dada por $\dot{r} = \dot{r}_1 + \dot{r}_2$. Vamos considerar um sistema inercial de referência no qual o centro de massa das duas partículas está na origem de coordenadas. Isto fornece $\varepsilon r_1 = \varepsilon' r_2$, ou $r_1 = (\varepsilon'/\varepsilon) r_2$ e $\dot{r}_1 = (\varepsilon'/\varepsilon)\dot{r}_2$. Portanto,

$$\dot{r} = \dot{r}_1 + \dot{r}_2 = \frac{\varepsilon'}{\varepsilon}\dot{r}_2 + \dot{r}_2 = \frac{\varepsilon + \varepsilon'}{\varepsilon}\dot{r}_2 = \frac{\varepsilon + \varepsilon'}{\varepsilon'}\dot{r}_1 . \qquad (6.9)$$

De acordo com esta equação, a energia cinética destas duas partículas deslocando-se ao longo da linha reta conectando-as pode ser escrita como

$$T = \frac{\varepsilon}{2}\dot{r}_1^2 + \frac{\varepsilon'}{2}\dot{r}_2^2 = \frac{\varepsilon}{2}\left(\frac{\varepsilon'}{\varepsilon + \varepsilon'}\right)^2 \dot{r}^2 + \frac{\varepsilon'}{2}\left(\frac{\varepsilon}{\varepsilon + \varepsilon'}\right)^2 \dot{r}^2 = \frac{\varepsilon\varepsilon'}{\varepsilon + \varepsilon'}\frac{\dot{r}^2}{2} . \qquad (6.10)$$

Combinando as Eqs. (6.4) e (6.10) na Eq. (6.8) obtém-se

$$\frac{ee'}{4\pi\varepsilon_0}\frac{1}{r}\left(1 - \frac{\dot{r}^2}{2c_L^2}\right) + \frac{\varepsilon\varepsilon'}{\varepsilon + \varepsilon'}\frac{\dot{r}^2}{2} = \frac{ee'}{4\pi\varepsilon_0}\frac{1}{r_0} . \qquad (6.11)$$

A constante r_0 foi definida por Weber como sendo o valor de r para o qual $\dot{r} = 0$.

Utilizando a distância crítica de Weber dada pela Eq. (6.6), esta última equação pode ser colocada na seguinte forma:

$$\dot{r}^2 = \frac{r - r_0}{r - \rho}\frac{\rho}{r_0}c^2 = \frac{r - r_0}{r - \rho}\frac{\rho}{r_0}2c_L^2 . \qquad (6.12)$$

A Eq. (6.12) é equivalente à Eq. (6.13).

[23] Uma solução analítica completa deste problema em termos de funções elípticas já existe, [CA91].

[24] [Web71, ver as *Obras Completas* de Weber, págs. 272-274] e [Web72, págs. 123-125].

[25] No Sistema Internacional de Unidades SI esta equação pode ser escrita como:

$$\frac{\dot{r}^2}{c^2} = \frac{\dot{r}^2}{2c_L^2} = \frac{r - r_0}{r - \rho}\left(\frac{\rho}{r_0} + \frac{r + r_0}{r}\frac{\alpha_0^2}{c^2}\right) = \frac{r - r_0}{r - \rho}\left(\frac{\rho}{r_0} + \frac{r + r_0}{r}\frac{\alpha_0^2}{2c_L^2}\right) . \qquad (6.14)$$

$$\frac{uu}{cc} = \frac{r - r_0}{r - \rho}\left(\frac{\rho}{r_0} + \frac{r + r_0}{r}\frac{\alpha_0\alpha_0}{cc}\right) . \quad (6.15)$$

Weber[26] colocou $u = dr/dt$ e definiu que "seja α a diferença das duas velocidades que as duas partículas elétricas e e e', na distância mútua r, possuem no espaço em uma direção perpendicular à linha reta r que as une." Isto é, α era a velocidade tangencial de uma partícula em relação à outra, sendo α_0 o valor desta velocidade tangencial relativa quando $r = r_0$ e $dr/dt = 0$.

6.4 Movimento de Duas Cargas de Mesmo Sinal

Weber considerou inicialmente a situação na qual as duas partículas interagentes possuem cargas de mesmo sinal e se deslocam apenas ao longo da linha reta que as une. A eletrodinâmica de Weber leva a uma consequência notável de acordo com as Eqs. (6.13) e (6.12). Esta consequência é a de que duas partículas com cargas de mesmo sinal podem atrair-se quando estão se deslocando em movimentos moleculares, ou seja, quando $0 \leq r < \rho$. Caso as duas partículas com cargas de mesmo sinal estejam se deslocando uma em relação à outra separadas por distâncias r maiores do que ρ, elas irão repelir-se. Isto permite que se separe o movimento destas duas partículas[27] em dois "estados de agregação." No primeiro estado de agregação, elas estarão sempre em movimentos moleculares atraindo uma à outra, com a distância entre elas oscilando entre $r = 0$ e $r = r_0 < \rho$. A velocidade relativa dr/dt será nula em $r = r_0$, enquanto que esta velocidade relativa será dada por $\pm c = \pm\sqrt{2}c_L$ quando $r = 0$. Aqui o sinal inferior é válido logo antes do encontro das duas partículas, sendo o sinal superior válido logo após o encontro.

Já no segundo estado de agregação, elas estarão repelindo uma à outra, mas sempre permanecendo em uma distância de separação $r > \rho > 0$. Caso elas estejam inicialmente se afastando, continuarão para sempre se afastando, até que cheguem a uma distância mútua infinita, nunca voltando a se aproximar. Caso estejam inicialmente se aproximando, alcançarão uma distância mínima de separação $r_0 > \rho$ para a qual $dr/dt = 0$. Após alcançarem esta distância mínima, se afastarão uma da outra devido à repulsão mútua, até chegarem a uma distância infinita entre si, não mais se aproximando uma da outra.

Weber então considerou a segunda situação. Isto é, agora permitiu movimentos das partículas tendo componentes ortogonais à linha reta que as une, de tal forma que pudessem orbitar uma ao redor da outra. Para o caso de duas partículas com cargas de mesmo sinal, por exemplo, haveriam novamente dois estados de agregação. No primeiro estado de agregação, elas iriam se atrair ao se deslocarem dentro de uma esfera de diâmetro ρ, isto é, em movimentos moleculares. No segundo estado de agregação, elas iriam se repelir ao se deslocarem em uma distância $r > \rho$. Esta última solução era de certa forma análoga à solução

---

[26] [Web71, ver as *Obras Completas* de Weber, pág. 272] e [Web72, pág. 123].
[27] [Web71, ver as *Obras Completas* de Weber, pág. 271] e [Web72, pág. 122].

hiperbólica obtida com a força de Coulomb no caso de duas partículas eletrizadas com cargas de mesmo sinal repelindo uma à outra, no caso em que estão inicialmente se aproximando, alcançam uma distância mínima de aproximação, sendo depois repelidas para uma distância infinita.[28]

Weber apresentou estes dois estados de agregação da seguinte forma:[29]

> De fato, neste caso também ocorre uma distinção entre dois estados de agregação para duas partículas *similares* [isto é, com cargas de mesmo sinal] — a saber, um estado de agregação no qual duas partículas deslocam-se de tal forma a retornarem periodicamente na mesma posição uma em relação à outra [em um movimento molecular para o qual $r < \rho$], e em um estado de agregação no qual duas partículas se deslocam de forma a ficarem cada vez mais distantes entre si e nunca retornam à mesma posição. [Neste segundo estado de agregação elas estão deslocando-se à distância, de tal forma que $r > \rho$.] Não acontecem transições de um estado de agregação para o outro, desde que as duas partículas se desloquem apenas sob a influência de suas forças recíprocas.

Este fato notável de duas cargas de mesmo sinal poderem se atrair quando estão muito próximas (isto é, quando $r < \rho$, sendo ρ a distância crítica), é um aspecto distintivo da eletrodinâmica de Weber. Ele vai ter um papel muito importante em seu modelo planetário para o átomo que será discutido no Capítulo 10.

6.5 Movimento de Duas Cargas de Sinais Opostos

Weber não analisou explicitamente o movimento de duas cargas de sinais opostos deslocando-se ao longo da reta que as une. De qualquer forma, esta solução pode ser obtida[30] a partir da equação de movimento que ele obteve, Eq. (6.13). Para cargas de sinais opostos, a distância crítica ρ é negativa. Portanto, elas irão sempre se atrair mutuamente.

Há uma solução para este problema de duas cargas de sinais opostos deslocando-se ao longo da linha reta que as une na qual elas vão oscilar entre $r = 0$ e $r = r_0$, onde r_0 é o valor da distância r entre elas na qual $dr/dt = 0$. Esta solução é análoga ao caso Coulombiano, com a diferença de que a velocidade relativa em $r = 0$ será $\pm c = \pm\sqrt{2}c_L$, em vez do valor Coulombiano no qual $\dot{r} \to \pm\infty$ em $r \to 0$.

Existe uma outra solução para este problema no qual as duas cargas colidiriam em $r = 0$ com uma velocidade relativa $\dot{r} = -c = -\sqrt{2}c_L$, afastando-se mutuamente após este encontro. Elas nunca mais vão se encontrar depois disto.

---

[28] [Sym82, Seção 3.16].

[29] [Web71, ver as *Obras Completas* de Weber, pág. 274] e [Web72, pág. 125].

[30] Ver [AC92].

Quando chegam a uma distância mútua infinita, ainda estariam afastando-se com uma velocidade relativa finita. Isto é análogo à solução Coulombiana, exceto pela velocidade finita no instante da colisão.

Weber considerou explicitamente o movimento de duas partículas elétricas dissimilares (isto é, tal que $ee' < 0$) deslocando-se em direções ortogonais à linha reta que as une.[31] Para duas partículas com cargas de sinais opostos, encontrou uma solução particular igual ao caso Newtoniano ou Coulombiano. Isto é, uma rotação das duas partículas uma ao redor da outra, permanecendo com uma distância constante de separação durante esta rotação. Este tipo de solução com uma órbita circular não era possível para duas cargas de mesmo sinal interagindo entre si de acordo com a lei de Weber.

Contudo, no caso em que variava a distância r entre as partículas de sinais opostos que estavam orbitando uma ao redor da outra, Weber encontrou uma solução de acordo com sua lei de força na qual as distâncias entre as duas partículas sempre estariam confinadas entre dois raios limites nos quais $dr/dt = 0$. Em 1875 representou[32] estes dois raios limites por r_0 e r^0, com $r^0 \geq r_0$. De certa forma isto é similar às soluções Newtoniana ou Coulombiana de uma órbita Kepleriana elíptica *fechada* na qual os dois corpos oscilam entre uma distância menor r_0 e uma distância maior r^0, enquanto estão dando voltas um ao redor do outro. Nas palavras de Weber,[33] "as duas partículas têm de sempre permanecer em *movimento oscilatório uma em relação à outra, dentro dos limites indicados.*" Contudo, de acordo com a lei fundamental de Weber, neste caso o eixo da elipse iria precessar entre os raios limites enquanto as partículas estivessem orbitando uma ao redor da outra.

Existem muitos trabalhos discutindo matematicamente a precessão do periélio utilizando a lei de Weber aplicada ao eletromagnetismo e à gravitação.[34]

Estes estados de agregação de duas cargas de mesmo sinal, ou de duas cargas de sinais opostos, são muito similares ao modelo atômico de Rutherford e Bohr, que somente seriam desenvolvidos 40 anos mais tarde.

[31] [Web71, ver as *Obras Completas* de Weber, Seção 16, págs. 279-281] e [Web72, págs. 130-132].

[32] [Web75, ver as *Obras Completas* de Weber, pág. 341].

[33] [Web71, ver as *Obras Completas* de Weber, pág. 281] e [Web72, pág. 132].

[34] [See] com tradução para o alemão em [See24], [Tis72], [Zol76, págs. xi-xii], [Zol83, págs. 126-128], [Ser], [Tis95], [Ger98], [Ger17], [Sch25] (com tradução para o português em [XA94] e para o inglês em [Sch95]), [Nor65, pág. 46], [Whi73, págs. 207-208], [Eby77], [Ass89], [CA91], [Ass94, Seções 7.1 e 7.5], [Ass99] etc.

Capítulo 7

As Especulações de Weber sobre a Condução de Eletricidade e de Calor nos Condutores

Neste Capítulo apresentamos as especulações de Wilhelm Weber relacionadas com a condução de calor e de eletricidade em condutores.[1]

Desde o início do século XIX era conhecido que um condutor metálico é aquecido quando flui uma corrente através dele. Em meados do século XIX era aceita a noção de que o calor está relacionado com o movimento de pequenas partículas no interior de um corpo. Ou seja, o calor não era mais considerado como uma substância material, que era normalmente chamada anteriormente de *calórico*. Na época de Weber sabia-se que o calor está relacionado com a energia cinética interna do corpo, isto é, que ele está associado ao movimento de suas partículas microscópicas. Uma temperatura maior para um corpo significava que ele possuía uma maior energia cinética interna (energia randômica devida a movimentos aleatórios em todas as direções, ou a movimentos vibratórios ou oscilatórios de suas partículas). De acordo com este ponto de vista, uma transferência de calor não é nada mais do que uma transferência de movimento ou de energia cinética. Mas naquela época ainda não havia sido completamente clarificada a questão de saber qual era a substância que estava em movimento. Podia ser a matéria ponderável (ou seja, vibrações das moléculas que constituem o corpo), podia ser o éter que se supunha existir no interior dos corpos (algumas vezes chamado de meio calorífico), ou podiam ser as partículas elétricas que compunham o corpo. Também não era claro que tipo de movimento estava relacionado ao calor. Podia ser um movimento oscilatório ou rotacional, por exemplo.

[1] [Wie60, págs. 182-197], [Wie67, págs. 157-161 e págs. 169-177], [Wie88] e [Wie07].

A lei de geração de calor pelas correntes elétricas foi estabelecida por J. P. Joule (1818-1889), A. E. Becquerel[2] (1820-1891) e H. F. E. Lenz (1804-1865) na década de 1840. Joule estabeleceu experimentalmente que o calor produzido em um certo tempo é proporcional ao quadrado da corrente elétrica, à resistência do condutor, e ao tempo durante o qual flui a corrente constante através do condutor.

Weber queria explicar a existência de correntes moleculares permanentes e também a geração de calor nos condutores baseado em um único princípio, a saber, com base no movimento das partículas carregadas. Devido à teoria mecânica do calor, era possível supor que o calor estava relacionado ao movimento de pequenas partículas no interior do corpo. A transformação de energia mecânica em calor sugeria uma forte conexão entre este movimento relacionado ao calor e o movimento das partículas elétricas que compunham uma corrente. Esta possibilidade estava baseada, além disso, na descoberta de que um bom condutor de calor também é um bom condutor de eletricidade. As leis relacionando as condutividades térmica e elétrica nos metais, assim como o relacionamento destas condutividades com a temperatura, foram obtidas por G. Wiedemann (1826-1899), R. Franz (1827-1902) e L. Lorenz (1829-1891) nas décadas de 1850 e 1870.

Weber expôs suas primeiras ideias nesta direção em um trabalho de 1862 relacionado com a galvanometria.[3] Ampliou sua análise em 1875 em um artigo discutindo o movimento da eletricidade em corpos com constituição molecular.[4] No Capítulo 5 foi mostrado que em 1852 Weber havia começado a considerar a corrente molecular de Ampère como sendo composta por uma carga positiva orbitando em uma órbita Kepleriana elíptica ao redor de uma carga negativa parada (de acordo com ele os sinais destas cargas também podiam ser invertidos). Em 1862 e 1875 supôs que esta carga negativa parada estava presa ou fundida com a molécula ponderável do condutor. No que diz respeito a uma corrente galvânica, Weber considerava que a aplicação de uma força eletromotriz externa transformaria esta órbita elíptica em uma órbita espiral. A carga móvel ficaria então orbitando com raio crescente ao redor de uma carga parada específica, até que ficasse sob a esfera de influência de uma outra carga parada que estivesse ao longo da direção da força eletromotriz, começando então a orbitar ao redor desta segunda carga parada. Este processo continuaria a ocorrer enquanto a força eletromotriz estivesse ativa. Para clarificar como ocorria a transformação de energia elétrica em energia térmica, Weber considerou em 1875 que a carga móvel chegaria na esfera de influência da segunda carga parada com uma maior energia cinética translacional do que a energia cinética translacional que ela possuía quando deixou de orbitar ao redor da primeira carga parada. Este aumento da energia cinética translacional seria devido à força eletromotriz aplicada ao longo da direção do condutor. A partícula móvel transferiria então para a segunda carga parada esta energia cinética translacional extra que havia adquirido. Portanto, na média, a carga móvel iria se deslocar ao longo da direção da

---

[2] Pai de Henri Becquerel (1852-1908), um dos descobridores da radioatividade.

[3] [Web62, ver as *Obras Completas* de Weber, Seção 33, págs. 91-96].

[4] [Web75, ver as *Obras Completas* de Weber, Seções 4 a 9, págs. 334-353].

força eletromotriz aplicada com uma velocidade constante. A energia cinética translacional que ela havia perdido teria sido transferida para a energia térmica da molécula. Em 1875 considerou que esta energia cinética translacional que ela havia perdido seria ganha pela partícula orbitando ao redor da molécula. Isto é, a energia cinética translacional que havia sido perdida seria transformada em uma energia cinética rotacional da partícula que estava orbitando ao redor da molécula. E esta maior energia cinética rotacional (ou orbital) seria equivalente a uma maior energia térmica do corpo. Em outras palavras, o aquecimento de um condutor metálico devido ao fluxo de uma corrente elétrica seria equivalente a um maior movimento rotacional das partículas carregadas que compunham as correntes moleculares de Ampère.

Neste trabalho Weber não considerou a possibilidade de que uma maior temperatura do corpo poderia estar relacionada com uma vibração dos átomos ou das moléculas ponderáveis que compunham o corpo. Ele não imaginou que o calor pudesse estar relacionado com o movimento aleatório das moléculas ponderáveis, isto é, que o calor pudesse ser independente do movimento aleatório das partículas eletrizadas do corpo.

Vamos considerar aqui alguns exemplos específicos de suas linhas de raciocínio. Na Seção 4 de seu artigo de 1875, Weber considerou a possibilidade de relacionar três fenômenos com os movimentos internos de um corpo. Estes três fenômenos eram as correntes galvânicas, os fenômenos magnéticos e o calor. Especulou que todos estes fenômenos poderiam estar relacionados aos movimentos internos dos mesmos corpúsculos, a saber, aos movimentos das partículas carregadas. Considerou que os fenômenos galvânicos e eletrodinâmicos poderiam ser devidos aos movimentos translacionais destas partículas carregadas. No que diz respeito aos fenômenos magnéticos e diagmagnéticos, supôs que eram devidos aos movimentos rotacionais destas partículas carregadas ao redor das partículas ponderáveis do corpo, na forma de uma corrente molecular de Ampère do tipo planetária. De acordo com a teoria mecânica do calor, considerou neste trabalho que também o calor poderia estar relacionado com o movimento rotacional destas partículas carregadas ao redor das partículas ponderáveis dos corpos.

Na próxima Seção deste artigo considerou a identidade da energia cinética gerada pela força eletromotriz com o calor gerado no condutor pela corrente galvânica. Se um condutor não tivesse resistência, a aplicação de uma força eletromotriz externa aumentaria indefinidamente a energia cinética translacional das cargas móveis. Mas isto não acontece em um condutor resistivo de acordo com a lei de Ohm. Como a corrente permanece constante no caso de uma força eletromotriz aplicada constante, isto significa que na média a energia cinética translacional das partículas móveis não aumenta enquanto elas se deslocam ao longo de um circuito resistivo, apesar da aplicação da força eletromotriz. A conclusão de Weber foi a de que o trabalho gerado pela força eletromotriz externa tem de ser transformado em um outro tipo de movimento, de acordo com a conservação da energia. Mencionou então que nos fenômenos magnéticos e diamagnéticos se podia supor que as partículas elétricas orbitavam ao redor das moléculas ponderáveis do condutor. Retornou mais uma vez ao seu modelo de 1852 no qual considerou esta corrente molecular de Ampère do tipo planetário, juntamente com uma sequência de moléculas ponderáveis A, B, C etc. ao longo de uma linha reta. As partículas elétricas positivas orbitariam ao redor de uma molécula ponderável que estivesse fundida com uma carga negativa.[5] Com a aplicação da força eletromotriz externa, a partícula positiva seria acelerada ao longo desta direção, ao mesmo tempo em que orbitaria ao redor de uma molécula negativa A. Seguiria então em uma órbita espiral, até que tivesse alcançado a esfera de influência da próxima molécula ponderável negativa B, começando então a orbitar ao redor dela. Ela chegaria nesta segunda molécula ponderável B com uma maior energia cinética translacional do que a energia cinética translacional que ela possuía quando deixou a primeira molécula ponderável A. Ela então perderia a energia cinética translacional extra para esta molécula ponderável B, partindo de B com a mesma energia cinética translacional que possuía quando deixou a molécula A. Este processo seria repetido nas moléculas C, D, etc. A novidade neste trabalho de 1875 é que considerou a possibilidade de que esta energia cinética translacional extra que a partícula carregada perdeu em B podia ser transformada em uma energia cinética rotacional de outras partículas carregadas que estivessem orbitando ao redor de B, sendo estas outras partículas carregadas responsáveis pelas propriedades magnéticas e diagmagnéticas de B. A mesma transferência ou transformação de energia aconteceria em C, D, etc. Esta maior energia rotacional das partículas carregadas orbitando ao redor de B, C, D etc. representaria a energia cinética térmica. Isto é, o aumento da temperatura corresponderia neste modelo Weberiano a um aumento da energia cinética de rotação das partículas carregadas orbitando ao redor das moléculas ponderáveis do corpo.

Weber falou também de uma trajetória balística ou de movimento de projétil (*Wurfbewegung*) quando uma partícula elétrica positiva fosse emitida de uma molécula ponderável negativa ao redor da qual estivesse orbitando. A partícula emitida seria acelerada em direção a uma outra molécula ponderável negativa devido à aplicação de uma força eletromotriz externa. Falou também de uma distância média entre as moléculas (*mittlerer Molekularabstand*).[6]

Apresentamos aqui algumas palavras de Weber conectando o calor e a energia cinética de suas correntes moleculares planetárias:[7]

> Este aumento da *energia cinética* das partículas elétricas contidas em um condutor enquanto a corrente o atravessa segue, portanto, como uma consequência necessária da ação da força eletromotriz sobre as partículas, enquanto que estas partículas, devido à corrente, deslocam-se para a frente na direção desta força.
>
> Esta conclusão teórica recebe da experiência uma confirmação indireta, embora de fato não seja uma confirmação direta, na medida em que é *observada* no condutor um aumento da *energia térmica* enquanto a corrente o atravessa. E este aumento *observado* da *energia térmica* no condutor é igual ao aumento *calculado* da *energia cinética*

[5] [Web75, ver as *Obras Completas* de Weber, pág. 348].
[6] [Web75, ver as *Obras Completas* de Weber, pág. 349].
[7] [Web71, ver as *Obras Completas* de Weber, págs. 292-294] e [Web72, págs. 143-144].

> das partículas elétricas nas correntes moleculares Ampèrianas do condutor.
>
> Agora a *energia térmica* de um corpo é uma *energia cinética* resultante dos movimentos no *interior do corpo* que, portanto, não são acessíveis a uma observação direta. De maneira semelhante, a *energia cinética* que pertence às partículas elétricas nas correntes moleculares Ampèrianas em um condutor é uma energia cinética que resulta de movimentos que acontecem no *interior do condutor* e, portanto, são inacessíveis a uma observação direta.
>
> [...]
>
> Portanto, segue como uma consequência que, se nos condutores todas as partículas elétricas existem no estado de agregação que corresponde às correntes moleculares Ampèrianas, o aumento observado na *energia térmica* de um condutor, durante a passagem da corrente por ele, tem de resultar *imediatamente* do aumento da *energia cinética* das partículas elétricas que constituem as correntes Ampèrianas; ou seja, a *energia térmica* fornecida ao condutor pela corrente tem de ser *energia cinética* devida a movimentos que ocorrem no interior do condutor e, de fato, têm de consistir em *um aumento na intensidade da correntes Ampèrianas formadas pelas partículas elétricas no condutor.*

Muitos cientistas reconheceram o papel de Wilhelm Weber como o pioneiro da moderna teoria da condução elétrica nos metais.[8] Para dar um exemplo, citamos aqui as palavras de Drude publicadas originalmente em 1905:[9]

> A sugestão de que a condução elétrica nos metais é essencialmente a mesma que nos eletrólitos, ou seja, que é realizada pelo movimento de pequenas partículas carregadas, foi feita pela primeira vez por W. Weber,[10] sendo que ele utilizou esta sugestão para deduzir a lei de Ohm.

[8] [Wie07].

[9] [Dru05, pág. 253].

[10] [Nota do Drude, referindo-se a [Web62, ver as *Obras Completas* de Weber, pág. 91], [Web71], com tradução para o inglês em [Web72], [Web75] e [Web94a], com tradução para o inglês em [Web08]:] W. Weber. "Gesammelte Werke," 4, pág. 91, 1862; pág. 247, 1871; pág. 312, 1875; pág. 479.

Capítulo 8

As Especulações de Weber sobre a Condução de Calor nos Isolantes

No artigo de 1875 Weber tentou compreender a diferença entre um condutor e um isolante.[1] Estas duas substâncias conduzem calor, mas apenas a primeira conduz eletricidade. Ele havia explicado a transformação de energia elétrica em energia térmica nos condutores supondo que a energia cinética translacional extra ganha pelas partículas carregadas móveis que compunham uma corrente galvânica era transformada em uma energia cinética rotacional das partículas carregadas móveis que orbitavam ao redor das moléculas ponderáveis do condutor. Esta energia cinética translacional extra seria ganha por cada partícula carregada móvel devido à força eletromotriz aplicada, enquanto esta carga móvel era transferida da órbita ao redor de uma molécula com carga oposta para a órbita ao redor de uma outra molécula com carga oposta que estivesse ao longo da direção da força eletromotriz aplicada. Designou este tipo de propagação de calor nos condutores metálicos pelo nome de *propagação de calor através da emissão* (*Wärmeverbreitung durch Emission*) ou simplesmente *condução de calor* (*Wärmeleitung*).[2]

Mas como ele podia explicar a condução ou a transferência de calor dentro de isolantes? Como conseguia explicar a propagação de calor através do espaço vazio (como na radiação de calor)? Nenhuma corrente elétrica pode fluir em isolantes ou no vácuo (exceto quando ocorrem faíscas ou descargas elétricas, do tipo do efeito corona). Nestes casos Weber mencionou um outro tipo de propagação de calor, que denominou de *propagação de calor através da radiação* (*Wärmeverbreitung durch Strahlung*) ou simplesmente de *radiação do calor* (*Wärmestrahlung*).[3]

[1] [Web75, ver as *Obras Completas* de Weber, Seções 6 e 7, págs. 339-343].
[2] [Web75, ver as *Obras Completas* de Weber, pág. 343].
[3] [Web75, ver as *Obras Completas* de Weber, pág. 343].

Como visto no Capítulo 6, para duas cargas de sinais opostos orbitando uma ao redor da outra de acordo com a lei de Weber, encontrou uma solução[4] para a qual a distância entre as duas partículas ficaria oscilando entre dois raios limites, a saber, r_0 e r^0, com $r^0 \geq r_0$. Apenas em um caso bem especial estes dois raios coincidiriam entre si dando origem a órbitas circulares fechadas. Os valores destes dois raios limites dependeriam de propriedades intrínsecas ao par atômico, a saber, de suas cargas elétricas e e e', assim como de suas massas ε e ε'. Os valores destes dois raios também dependeriam da distância inicial de separação das duas cargas que compõem o par atômico, de suas velocidades iniciais ao longo da direção que as une, assim como de suas velocidade iniciais nas direções ortogonais à reta que as une. Em seu trabalho de 1875 Weber estava seguindo seus artigos anteriores de 1852 e 1871 nos quais supunha uma corrente molecular Ampèriana do tipo planetária, com a partícula positiva orbitando ao redor de uma partícula negativa que estava associada ou ligada com uma molécula ponderável. Também considerou a massa da partícula positiva como sendo desprezível em comparação com a massa conjunta da carga negativa e da molécula ponderável associada com ela. Supôs um isolante como sendo composto por uma rede de moléculas ponderáveis que eram circuladas por correntes moléculares Ampèrianas do tipo planetário.

Dependendo destas propriedades, Weber era capaz de distinguir entre duas classes de corpos que denominou de condutores e isolantes.[5] Assim como fez Weber, vamos chamar de r^0 à maior distância entre uma partícula positiva e uma molécula negativa, com a partícula positiva orbitando ao redor da molécula negativa. Como a massa da molécula negativa era considerada como sendo muito maior do que a massa da partícula positiva, a molécula negativa pode ser considerada em repouso. De acordo com Weber, os condutores seriam aqueles corpos para os quais r^0 seria tão grande que alcançasse a esfera de influência da molécula negativa vizinha. Neste caso, seria possível a transferência da partícula positiva da esfera de influência da primeira molécula negativa para a esfera de influência da segunda molécula negativa. Os isolantes, por outro lado, seriam aqueles corpos para os quais a maior distância r^0 não seria tão grande de forma a atingir a esfera de influência de qualquer molécula vizinha. Consequentemente, não seria possível a transferência de uma carga positiva orbitando ao redor de uma molécula negativa para qualquer outra molécula negativa vizinha, mesmo que houvesse a aplicação de uma força eletromotriz externa. Weber formulou matematicamente esta distinção.

Para explicar a condução de calor em isolantes e também através do espaço, Weber considerou a existência de um meio rarefeito entre as moléculas que compõem um condutor e também no espaço. Denominou este meio de éter calorífico (*Wärmeäther*) ou de éter luminífero (*Lichtäther*).[6] No que diz respeito a este éter, Weber sempre supôs que ele tivesse uma estrutura granular ou corpuscular. Além disso, considerava que ele fosse composto de partículas elétricas positivas e negativas. Por exemplo, em seu artigo de 1846 fez os seguintes co-

---

[4] [Web75, ver as *Obras Completas* de Weber, pág. 341].
[5] [Web75, ver as *Obras Completas* de Weber, pág. 341].
[6] [Web62, ver as *Obras Completas* de Weber, págs. 94-96].

mentários:[7]

> A *ideia da existência* de um tal meio transmissor já se encontra na *ideia do fluido elétrico neutro que penetra a tudo*, e mesmo que este *fluido neutro*, com exceção dos condutores, tenha até o momento escapado às observações dos físicos, contudo, existe agora esperança de que tenhamos sucesso em obter uma elucidação mais direta de várias maneiras novas deste fluido que a tudo penetra. Talvez em outros corpos, com exceção dos condutores, não apareçam correntes [elétricas], mas apenas *vibrações*, que podem ser observadas mais precisamente pela primeira vez com os métodos descritos na Seção 16. Além disso, preciso apenas lembrar da última descoberta de Faraday da influência das *correntes elétricas sobre as vibrações da luz*, que não torna improvável que o meio elétrico neutro que a tudo penetra seja ele próprio este éter que a tudo penetra, que gera e que propaga as vibrações da luz, ou que ao menos os dois [meios] estejam tão intimamente interconectados, que as observações das vibrações da luz possam ser capazes de explicar o comportamento do meio elétrico neutro.

Assim como seus contemporâneos, Weber propôs em 1875 que as radiações de luz e de calor se propagavam na forma de ondas através deste éter material. Embora os físicos daquela época não tivessem provas claras sobre a existência e sobre as propriedades deste meio, Weber acreditava que pudéssemos obter uma ideia de seu comportamento ao supor que este meio era composto de partículas elétricas. De acordo com ele, todos os corpos eram compostos de partículas elétricas positivas e negativas que possuíam seus próprios arranjos e seus próprios estados de movimento. Weber tentou derivar todos os fenômenos físicos baseado nesta hipótese. Isto incluía os fenômenos eletrostáticos, magnetostáticos, galvânicos, eletrodinâmicos e térmicos. Em 1875 propôs ampliar este leque de fenômenos de forma a também incluir os fenômenos ópticos e da radiação térmica. Palavras de Weber:[8]

> É bem conhecido que para a propagação de calor através da radiação no espaço vazio ou em isolantes é válido o mesmo que ocorre para a radiação luminosa, a saber, que ela é mediada através da propagação ondulatória, a qual pressupõe a existência de um meio para a propagação das ondas. Tentamos até agora descobrir a propriedade deste meio a partir das leis do movimento ondulatório, assim como elas foram encontradas através das observações dos fenômenos luminosos; agora se este meio for composto de eletricidade, e se tivéssemos um melhor conhecimento de sua constituição, então seria possível desenvolver o movimento ondulatório e explicar os fenômenos da luz começando com as leis fundamentais da ação elétrica, o que

[7] [Web46, págs. 213-214] e [Web07, págs. 141-142].

[8] [Web75, ver as *Obras Completas* de Weber, pág. 343].

de fato tem sido tentado a partir de perspectivas diferentes, mas para nos aprofundar nestas questões teríamos de nos afastar muito daqui.

Em 1878 e em seu trabalho póstumo, Weber manteve a ideia de um éter granular ou corpuscular composto por partículas elétricas. Mas agora supôs que ele somente seria composto de moléculas elétricas positivas.[9]

[9] [Web78, págs. 383 e 394-395], [Web94a, ver as *Obras Completas* de Weber, págs. 480, 489-491, 506, 516-518 e 524-525] e [Web08, págs. 3, 15-17, 35, 48-51 e 57-58].

Capítulo 9

Propriedades Ópticas do Modelo Planetário de Weber para o Átomo

Weber sempre defendeu uma teoria ondulatória da luz. Por exemplo, no livro que escreveu com seu irmão, o fisiologista Ernst Heinrich Weber, comparou a teoria ondulatória e a teoria corpuscular de Newton, mostrando as vantagens de uma propagação ondulatória através de um éter.[1]

Discutiu correntes alternadas na Seção 16 de sua primeira grande Memória de 1846. Distinguiu a corrente galvânica progressiva da corrente alternada, na qual em intervalos de tempo sequenciais muito curtos a corrente muda seu sentido constantemente. Propôs então uma hipótese corajosa de que ondas luminosas incidentes poderiam criar vibrações elétricas nos fluidos elétricos que compunham uma substância material! Acreditamos que esta tenha sido a primeira vez em que apontou uma possível conexão entre luz e eletricidade:[2]

> Como o movimento progressivo da eletricidade ocorre tão abundantemente na natureza, não é óbvio o motivo pelo qual, dada uma mobilidade tão grande, também não devam ocorrer condições ocasionais que favoreçam um movimento vibratório. Se, por exemplo, as ondulações da luz exercerem um efeito sobre os fluidos elétricos, e tiverem o poder de perturbar o equilíbrio destes fluidos, seria certamente esperado que estes *efeitos* das ondulações da luz seriam estruturados temporalmente com a mesma periodicidade que as *próprias ondulações da luz*, de tal forma que o resultado consistiria de uma *vibração elétrica* que, contudo, não somos capazes de descobrir com nossos instrumentos.

[1] [WW93, ver as *Obras Completas* de Weber, parágrafos 306 a 313].

[2] [Web46, ver as *Obras Completas* de Weber, pág. 124] e [Web07, pág. 76].

A influência eletromagnética sobre os fenômenos ópticos era conhecida desde 1845, quando Faraday descobriu a rotação magnética do plano de polarização da luz.[3] Ele observou esta rotação para a luz atravessando um pedaço de vidro pesado imerso em um forte campo magnético ao longo da direção de propagação da luz, ou então com o vidro cercado por uma corrente galvânica fluindo ao longo de uma hélice ao redor do vidro, isto é, com a corrente estando em um plano quase que ortogonal ao feixe de luz. Weber estava ciente desta descoberta e a mencionou em seu artigo de 1846, ao propor que o éter no qual se acreditava que as vibrações da luz eram propagadas pudesse ser um meio elétrico neutro, como foi visto na citação apresentada no Capítulo 8.

Carl Neumann (1832-1925), o filho de Franz Neumann (1798-1895), tratou matematicamente da rotação do plano de polarização da luz pelo magnetismo segundo o ponto de vista da eletrodinâmica de Weber em sua dissertação de 1858.[4] Cinco anos mais tarde apresentou uma visão mais detalhada de sua teoria.[5] Propôs uma interação entre as partículas do éter e as moléculas do corpo que dependesse de forças magnéticas externas. Mas estas forças somente agiriam sobre as partículas móveis do éter que tivessem sido previamente excitadas, tal que não agissem sobre as partículas estacionárias do éter. Supôs que esta força fosse produzida por correntes moleculares Ampèrianas induzidas no corpo por estas forças magnéticas, em analogia com a explicação do diamagnetismo que havia sido fornecida por Weber. Contudo, tem de ser enfatizado aqui que Neumann utilizou um modelo *ideal* para uma corrente molecular Ampèriana, isto é, baseado em um fluxo de corrente contínuo ao redor da molécula, similar aos anéis de Saturno. Estas correntes moleculares induzidas agiriam sobre as partículas do éter de acordo com a lei de força de Weber. Esta interação seria análoga à interação mútua de duas correntes elétricas. A teoria de Neumann foi uma primeira tentativa de aplicar a lei de Weber para lidar com fenômenos ópticos.[6]

Em 1862 Weber postulou a excitação de ondas de calor e de luz através de correntes moleculares.[7] O modelo *ideal* de uma corrente molecular Ampèriana de Neumann, por outro lado, não poderia excitar estas ondas no éter, como já foi mencionado. Por outro lado, em seu artigo de 1862 Weber apresentou mais uma vez um modelo para as correntes moleculares Ampèrianas que fosse *discreto* ou *corpuscular*, similar ao modelo que ele havia apresentado em 1852 e que discutimos na Seção 3.5. Esta modificação crucial tornava possível a excitação no éter, através de correntes moleculares, de ondas luminosas. A única diferença deste modelo em relação ao modelo de 1852, é que agora Weber inverteu os sinais das cargas estacionárias e móveis. Neste trabalho de 1862 Weber dotou seu modelo planetário de átomo com propriedades ópticas. Em particular, seus átomos planetárias tinham a possibilidade de produzir ondas luminosas no éter.

---

[3][Far65b, Série XIX, Artigos 2146-2242].

[4][Neu58].

[5][Neu63].

[6][Wie60, págs. 194-195].

[7][Web62, ver as *Obras Completas* de Weber, págs. 94-96].

Fez os seguintes comentários ao discutir o trabalho de Neumann relacionado com a rotação de Faraday:[8]

> Neumann encontrou, de acordo com suas suposições, que não poderia haver ação das correntes moleculares elétricas sobre *partículas paradas do éter*; contudo, deve ser observado que estas suposições estavam de acordo com os objetivos de Neumann, que eram limitados à ação das correntes moleculares sobre os trens de onda propagando-se no éter e que já existiam no meio das moléculas, na verdade, às ações das correntes moleculares que alcançavam distâncias muito curtas, ele permitia a admissão de uma concepção *ideal* das correntes moleculares, na qual elas eram consideradas como uma *superposição de correntes iguais e opostas de eletricidade positiva e negativa*, mas que aparentemente não é apropriada para a produção de novos trens de onda através de correntes elétricas moleculares, que só podem ocorrer na *camada imediatamente próxima entre o éter* e as correntes moleculares. Para estas fronteiras do éter as partículas elétricas consideradas deslocando-se em sentidos opostos não devem mais ser consideradas como coincidentes. Quando supomos, por exemplo, o fluido negativo como estando conectado rigidamente com a molécula, e consideramos que apenas o fluido positivo está em corrente molecular, ou vice-versa (uma concepção que é recomendável, já que é consistente com a persistência das correntes moleculares sem a existência de forças eletromotrizes), é então claro, que a diferença na posição e no comportamento dos dois fluidos elétricos no domínio da molécula, na verdade já para distâncias muito pequenas (como Neumann as considerou) não mais precisa ser considerada, baseado na admissibilidade desta concepção *ideal* das correntes moleculares, mas que, contudo, ela pode ter significância para a *camada imediatamente vizinha do éter*, especialmente quando os fluidos elétricos compondo as correntes moleculares não fossem *distribuídos de maneira contínua e uniforme* ao redor da molécula.

Carl Neumann tinha uma imagem das correntes moleculares como sendo compostas pelos dois fluidos elétricos deslocando-se em sentidos opostos em órbitas fechadas ao redor da molécula, em analogia com os anéis de Saturno. Mas esta concepção não era apropriada para a produção de novas ondas no éter. Como podemos ver por esta citação, Weber modificou o modelo de Neumann. Em vez de utilizar distribuições contínuas de cargas móveis positivas e negativas deslocando-se ao redor da molécula, passou a considerar estas distribuições como estando concentradas em partículas, assim como satélites orbitando ao redor de um planeta. Isto é, Weber transformou as correntes moleculares de Ampère em um sistema planetário!

Já vimos que em 1852 ele teve uma ideia similar. Mas naquela época ele considerava a carga positiva como estando parada junto com a molécula, en-

[8][Web62, ver as *Obras Completas* de Weber, pág. 95].

quanto que a carga negativa orbitava a molécula positiva. Já neste trabalho de 1862 ele inverteu os sinais das cargas. Neste momento ainda não era possível decidir qual sinal da carga deveria estar associado com a corrente molecular de Ampère.

Na sequência deste trabalho de 1862, Weber até mesmo observou que o período orbital das partículas carregadas do seu modelo planetário deveria ser idêntico ao período das ondas luminosas e de calor excitadas pela molécula:[9]

> Quando realmente ocorre uma perturbação do equilíbrio na fronteira imediata do éter e, consequentemente, [quando ocorre] a produção de uma onda no éter, então fica claro que isto vai se repetir em cada órbita da eletricidade ao redor da molécula, de tal forma que o período da onda tem de ser idêntico ao período da órbita da partícula elétrica que compõe a corrente molecular.

Weber não discutiu as consequências da conservação da energia nesta produção de ondas luminosas e de calor realizadas por sua corrente molecular planetária.

Weber também acreditava que seria possível utilizar as propriedades ópticas de seu modelo planetário para obter informação sobre a constituição interna das moléculas. Em particular, os comprimentos de onda da luz emitida poderiam fornecer a chave para tirar conclusões sobre os processos moleculares elétricos:[10]

> Contudo, o comprimento de onda do trem de ondas emitido pelas *moléculas que brilham* é bem conhecido a partir das experiências ópticas. Portanto, se forem corroboradas as supostas relações entre as correntes moleculares elétricas e a luz no éter, de acordo com as ideias de Neumann, então será possível obter, a partir de experiências ópticas, uma informação mais precisa sobre o comportamento da eletricidade que compõe uma corrente molecular.

Em 1876 Zöllner apresentou o outro aspecto deste raciocínio, a saber, utilizar as propriedades internas de um modelo planetário com o objetivo de deduzir as linhas espectrais dos elementos químicos! Apresentamos aqui a citação relevante desta bela ideia:[11]

> As leis desenvolvidas por Weber sobre as oscilações de um par atômico provavelmente levarão a uma determinação analítica do número e da posição das linhas espectrais dos elementos químicos e suas conexões com os pesos atômicos.

Esta é uma passagem notável que indica uma possível explicação teórica das conhecidas linhas espectrais dos elementos. Naquela época ainda não havia uma explicação detalhada para estas linhas espectrais. A análise espectral dos

[9] [Web62, ver as *Obras Completas* de Weber, pág. 95].
[10] [Web62, ver as *Obras Completas* de Weber, págs. 95-96].
[11] [Zol76, Prefácio, pág. XXI].

elementos químicos havia sido desenvolvida por R. W. Bunsen (1811-1899) e G. R. Kirchhoff (1824-1887) em 1859. A compreensão quantitativa completa das séries espectrais específicas de cada átomo foi obtida apenas no século XX. De qualquer forma, é impressionante observar quão à frente de seu tempo estavam Weber e Zöllner em suas especulações teóricas.

Nesta citação Zöllner estava se referindo ao trabalho de Weber de 1871. Weber havia estimado o período de oscilação de duas cargas de mesmo sinal orbitando uma ao redor da outra, estando separadas por distâncias menores do que a distância crítica. Isto é, separadas por uma distância r tal que $r < \rho$. Weber encontrou que este período de oscilação estava entre $2r_0/c$ e $4r_0/c$. Fez então o seguinte comentário ao tentar conectar este período de oscilação com o período da luz visível:[12]

> Se colocamos $c = 439450 \cdot 10^6$ milímetros/segundo, segue-se a partir desta última determinação que o valor de ρ tem de estar aproximadamente entre 1/4000 e 1/8000 de um milímetro para que estas oscilações possam ter a mesma rapidez que as oscilações da luz.

Como discutido por Hecht, foi com este modelo que Weber tentou pela primeira vez encontrar as bases para a produção das oscilações da frequência da luz.[13]

[12] [Web71, ver as *Obras Completas* de Weber, pág. 278] e [Web72, pág. 129].
[13] [Hec96].

Capítulo 10

O Modelo Planetário Maduro de Weber para o Átomo e a Tabela Periódica dos Elementos

O modelo planetário já amadurecido de Weber para o átomo foi apresentado em seu trabalho *Determinações de medida eletrodinâmica: Particularmente com relação à conexão das leis fundamentais da eletricidade com a lei da gravitação.* Esta oitava Memória principal, embora escrita na década de 1880, só foi publicada postumamente em 1894.[1] Ela está em estado fragmentário e não foi completada durante sua vida.

Neste trabalho Weber apresentou mais uma vez sua hipótese básica de tentar conceber toda a matéria como sendo composta de apenas dois blocos básicos, a saber, partículas elementares eletrizadas com cargas de sinais opostos, as quais chamou de *moléculas elétricas* ou *partículas elétricas simples.*[2] A partícula elementar positiva foi representada com uma carga elétrica $+e$ e uma massa inercial ε, enquanto que a partícula elementar negativa foi representada com uma carga elétrica $e' = -e$ e uma massa inercial $\varepsilon' = a\varepsilon$. Mais uma vez deve ser notado que Weber assumiu as cargas elétricas destas duas partículas elementares como tendo a mesma magnitude, $|e'| = e$, mas permitiu magnitudes diferentes de suas massas inerciais. Em suas palavras:[3]

> [...] de fato segue-se que há uma igualdade de massa de todas as moléculas elétricas positivas entre si, assim como de todas as moléculas elétricas negativas entre si, embora não siga necessariamente que as massas das moléculas negativas e positivas sejam as

[1] [Web94a] e [Web08].
[2] [Web94a, págs. 479 e 492] e [Web08, págs. 1 e 18].
[3] [Web94a, pág. 482] e [Web08, pág. 5].

mesmas, em vez disto, a decisão sobre a igualdade ou desigualdade de suas massas terá de ser determinada experimentalmente, seja por medidas diretas das massas, ou por alguma rota indireta ao investigar a conexão destas massas com alguns outros fenômenos mensuráveis.

10.1 Deduzindo uma Lei de Força Gravitacional a partir da Força Elétrica de Weber

Um dos principais objetivos de Weber neste trabalho era conectar a gravitação com a eletricidade. Para deduzir a lei de gravitação a partir de sua lei de força fundamental, Weber apresentou duas suposições principais, a saber:[4]

1. *Todas as moléculas ponderáveis são simplesmente conexões de quantidades iguais de eletricidade positiva e negativa*, e que
2. *A força atrativa de quantidades iguais de tipos diferentes de eletricidade é maior do que a força repulsiva das mesmas quantidades de eletricidade similarmente carregadas.*

Hipóteses análogas a estas haviam sido apresentadas anteriormente por Mossotti em 1836.[5] Ele as havia aplicado para as forças repulsivas entre as moléculas da matéria, para as forças repulsivas entre os átomos do éter, e para as forças atrativas entre uma molécula de matéria e um átomo do éter. Desta forma conseguiu deduzir uma força análoga à lei da gravitação de Newton. Zöllner, por outro lado, aplicou estas hipóteses qualitativamente para os potenciais eletrostáticos.[6] Isto é, assumiu que o potencial eletrostático atrativo entre duas partículas eletrizadas com cargas opostas seria um pouco maior do que o potencial eletrostático repulsivo entre duas partículas carregadas positivamente, ou entre duas partículas carregadas negativamente. Desta forma obteve uma força atrativa entre dois conjuntos binários (com cada conjunto binário sendo composto de duas partículas $+e$ e $-e$ de cargas opostas) que era similar à lei de Newton da gravitação.

Weber considerou uma ideia similar, mas aplicou-a quantitativamente em sua lei de força fundamental. Desta forma deduziu uma lei de força análoga à lei de Newton para a gravitação, mas incluindo agora termos que dependiam da velocidade relativa e da aceleração relativa entre as massas que estavam interagindo.

De acordo com a primeira hipótese, cada molécula ponderável seria composta de um número inteiro n de partículas elementares positivas, cada partícula elementar positiva com carga $+e$, e de um número igual n de partículas elementares negativas, cada partícula elementar negativa com carga $-e$. Isto é, a molécula ponderável seria eletricamente neutra.

---

[4] [Web94a, pág. 481] e [Web08, pág. 4].
[5] [Mos36].
[6] [Zol78a] e [Zol82].

Vamos agora ilustrar a utilização da segunda hipótese com o objetivo de deduzir uma lei de gravitação análoga à de Newton. A molécula ponderável mais simples seria composta de uma carga elementar positiva e de uma carga elementar negativa, com estas duas cargas orbitando uma ao redor da outra. Como visto na Seção 6.5, Weber havia obtido em 1871 uma solução para o problema de duas partículas com cargas de sinais opostos interagindo entre si de acordo com sua lei de força. Esta solução particular era análoga à órbita elíptica Kepleriana obtida com a lei de gravitação de Newton.

Vamos agora considerar a interação de duas moléculas simples de acordo com estas duas hipóteses. Para clarificar o raciocínio de Weber, representamos aqui as duas partículas da primeira molécula por $+e_1$ e $-e_1$, enquanto que as duas partículas da segunda molécula serão representadas por $+e_2$ e $-e_2$. Os índices 1 e 2 são introduzidos aqui apensa para distinguir as duas moléculas, já que $|e_1| = |e_2| = e$. A interação entre estas duas moléculas ponderáveis mais simples seria composta de quatro forças, a saber, a força entre $+e_1$ e $+e_2$, a força entre $+e_1$ e $-e_2$, a força entre $-e_1$ e $+e_2$, e, finalmente, a força entre $-e_1$ e $-e_2$. A soma desta quatro interações resulta em uma atração resultante entre a primeira molécula ponderável e a segunda molécula ponderável, devido à segunda hipótese.

10.2 A Grande Variedade dos Corpos Ponderáveis

De acordo com Weber, as partículas positivas e negativas que compõem as moléculas ponderáveis não devem ser consideradas como estando concentradas em um único ponto. Isto é, elas devem ser consideradas como estando permanentemente em movimento, estando sempre separadas entre si. Elas poderiam orbitar uma ao redor da outra, poderiam vibrar ao longo da linha reta que as conecta, ou poderiam vibrar ortogonalmente à linha reta que as conecta:[7]

> Mas mesmo se duas *quantidades iguais* de duas moléculas elétricas diferentes $+e$ e $-e$ possam se combinar para formar uma molécula ponderável, ainda assim não haverá uma combinação *em um único ponto*, em vez disso, por mais próximas entre si que estas duas moléculas possam chegar, ainda assim elas permanecerão separadas uma da outra, de forma que uma gire ao redor da outra; contudo, as duas, que conjuntamente possuem uma massa de $(1 + a)\varepsilon$, sempre permanecerão dentro de um espaço muito pequeno [de volume v], que não se modifica sob condições de velocidade angular inalterada, de tal forma que uma certa *densidade* $d = [(1 + a)/v] \cdot \varepsilon$ pode ser atribuída a tal *molécula ponderável*.

Embora Weber quisesse reduzir toda a matéria ponderável como sendo uma combinação de apenas dois tipos de partículas carregadas elementares, ele sabia

[7] [Web94a, pág. 490] e [Web08, pág. 16].

que havia um grande número de substâncias ponderáveis com uma variedade de propriedades intrínsecas. Como explicar esta enorme complexidade a partir de elementos simples? Aqui vai a resposta de Weber:[8]

> Mas se todos os corpos ponderáveis fossem apenas combinações de moléculas elétricas positivas e negativas, a questão seria, dada a constituição essencialmente idêntica de todos os corpos ponderáveis, como explicar a *multiplicidade e diferença infinita* destes corpos ponderáveis? O *motivo para todas estas diferenciações* só pode ser encontrado nos *números*, *arranjos espaciais* e *energias cinéticas* diferentes das moléculas elétricas dos dois tipos combinadas em grupos menores, que não precisam estar sujeitas a modificações por influências externas.

De acordo com Weber, alguns deste arranjos seriam extremamente estáveis e não poderiam ser modificados através de influências externas. Mas outros grupos não seriam tão estáveis e poderiam ser modificados por interações externas apropriadas.

Como visto no Capítulo 6, de acordo com a lei de Weber é possível ocorrer uma atração entre duas ou mais partículas eletrizadas com cargas de mesmo sinal, desde que elas estejam muito próximas entre si. Em particular, se a distância r entre duas cargas quaisquer deste grupo for inicialmente menor do que a distância crítica ρ, elas sempre permanecerão deslocando-se uma em relação à outra dentro de uma esfera de diâmetro ρ. Em 1871 Weber criou a expressão *movimento molecular* para designar este estado de agregação de partículas com cargas de mesmo sinal que estão sempre se atraindo mutuamente enquanto permanecem em movimento relativo. Ele agora deu um outro nome a este grupo, a saber, *moléculas indivisíveis* [*unscheidbarer Moleküle*].[9] Ele as caracterizou de uma forma brilhante ao dizer que este grupo formava um mundo fechado em si próprio, devido ao fato de que a força interna que conectava o grupo era tão grande que seria extremamente difícil separar este sistema devido a influências externas. Segue uma citação típica de Weber:[10]

> Além disso, não apenas duas ou três, mas um número bem maior de *partículas elétricas similares* poderia ficar junto em tal espaço pequeno, sem que a distância de qualquer partícula para uma outra fosse maior ou igual do que ρ, de tal forma que estas partículas juntas formariam assim uma *molécula indivisível que permaneceria coesa para sempre*. E, finalmente, deve ser notado que estas partículas fechadas em um volume pequeno de uma molécula, têm uma necessidade tão pequena de estar em repouso quanto as partículas originalmente dispersas em espaços maiores, mas podem possuir os movimentos mais variados, parcialmente *juntas*, estando muito próximas

[8] [Web94a, pág. 491] e [Web08, pág. 17].
[9] [Web94a, págs. 492-493] e [Web08, págs. 18-19].
[10] [Web94a, pág. 493] e [Web08, pág. 19].

> entre si no espaço, e uma parcialmente *contra* a outra [movendo-se] dentro do pequeno espaço em que se encontram, sem contudo deixar de formar um *grupo indivisível* ou uma única *molécula composta*. Cada uma destas moléculas compostas forma um mundo fechado em si mesmo, e de acordo com a diferença no número de partículas elétricas simples que ela contém, e de acordo com seus movimentos mútuos, uma tal molécula composta pode exercer efeitos bem diversos sobre todas as outras moléculas que estão fora dela, e de acordo com isto podem ser obtidas *características muito variadas* para esta molécula. Se consideramos além disso, que o *número* de partículas elétricas simples que podem ser combinadas desta forma, embora não sendo ilimitado, pode contudo ser muito grande, é concebível que tais partículas ou moléculas eternamente imutáveis, parcialmente positivas e parcialmente negativas, possam se recombinar para formar *corpos ponderáveis bem diferentes*, por exemplo, de densidade ou dureza bem diferentes, etc., pois cada grupo consistindo em um número maior de *partículas elétricas similares, parcialmente positivas, parcialmente negativas*, sendo que cada [grupo] ocupa apenas um volume esférico de diâmetro ρ, tem obviamente de atrair mutuamente [outro grupo de cargas opostas] e eles têm de se combinar com uma *força muito maior* do que uma simples molécula elétrica positiva [se combinando] com uma simples molécula elétrica negativa.

Weber pôde então classificar suas moléculas materiais em três classes separadas.

1. A primeira classe era composta de suas duas cargas elementares $+e$ e $e' = -e$ que possuíam massa inerciais ε e $\varepsilon' = a\varepsilon$, respectivamente. Ele as designou de *moléculas elétricas simples positivas e negativas*, representando-as pelos símbolos $(+1)$ e (-1).

2. A segunda classe incluía suas moléculas elétricas indivisíveis positivas e negativas. Cada uma destas moléculas compostas teria n cargas elementares de mesmo sinal interagindo entre si dentro de uma esfera muito pequena de diâmetro ρ, com $n \geq 2$. Elas foram representadas pelos símbolos$(+n)$ ou $(-n)$, dependendo do sinal dos constituintes elementares. Por exemplo, poderíamos ter uma molécula elétrica positiva indivisível composta de três cargas positivas, $(+3)$, ou uma molécula elétrica negativa indivisível composta de cinco cargas negativas, (-5).

3. A terceira classe conteria as moléculas ponderáveis, que possuíam o mesmo número de moléculas elétricas positivas e negativas.

Ao continuar sua análise, Weber encontrou que cada uma das moléculas ponderáveis poderia exercer uma força atrativa não apenas sobre uma outra molécula ponderável, mas também sobre uma carga elementar positiva e sobre uma carga elementar negativa. Por meio desta força de atração exercida por uma molécula ponderável sobre a carga elétrica elementar positiva (ou negativa), esta última carga elementar seria mantida continuamente em um movimento orbital ao redor da molécula ponderável. Desta forma Weber conseguiu imaginar a existência de íons ponderáveis positivos e negativos, embora não chegasse a empregar a moderna palavra "íon."

Isto permitiu que Weber classificasse as moléculas ponderáveis em três grupos separados, a saber, moléculas ponderáveis neutras, íons ponderáveis positivos e íons ponderáveis negativos. Expressou-se da seguinte maneira:[11]

> Em virtude da força atrativa postulada aqui exercida por cada molécula *ponderável*, não apenas sobre uma outra molécula *igual*, mas sobre cada uma de suas *partes constituintes*, todas aquelas moléculas ponderáveis que tivessem *inicialmente* se encontrado com moléculas *elétricas positivas*, as manteriam ligadas como *satélites elétricos positivos*, e, por outro lado, outras moléculas ponderáveis *totalmente idênticas*, que tivessem inicialmente se encontrado com *moléculas elétricas negativas*, as manteriam ligadas como *satélites elétricos negativos*; e, portanto, *todas as moléculas ponderáveis* estariam dentro de três classes, que podem ser distinguidas como [moléculas] *ponderáveis positivas*, *ponderáveis negativas*, e *neutras*, das quais as últimas seriam tais moléculas ponderáveis, que ainda não houvesse capturado satélites.

10.3 A Tabela Periódica dos Elementos Químicos

De acordo com Weber, as moléculas ponderáveis neutras seriam compostas pelo mesmo número de moléculas elétricas positivas e negativas.

Ele as representou graficamente como na Figura 10.1:[12]

Explicamos aqui o significado de uma destas moléculas ponderáveis neutras ao escolher um exemplo específico, a saber, a molécula $\begin{bmatrix} +3 \\ -2 \\ -1 \end{bmatrix}$. O número $+3$ representaria três cargas elementares $+e$ deslocando-se uma ao redor da outra de tal forma que a distância entre duas cargas quaisquer deste grupo seria sempre menor do que a distância crítica ρ. Este grupo inseparável, composto de três cargas de mesmo sinal, se deslocaria como uma única partícula. Da mesma forma, o número -2 representaria uma outra porção inseparável da molécula ponderável. Este grupo -2 seria composto de duas cargas elementares $-e$ deslocando-se uma ao redor da outra de tal forma que a distância entre elas fosse sempre menor do que a distância crítica ρ. Este grupo inseparável -2 também se deslocaria como sendo uma partícula única. E, finalmente, o número -1 representaria uma molécula elétrica negativa simples $-e$. Poderíamos então

[11] [Web94a, pág. 485] e [Web08, pág. 11].
[12] [Web94a, pág. 495] e [Web08, pág. 22].

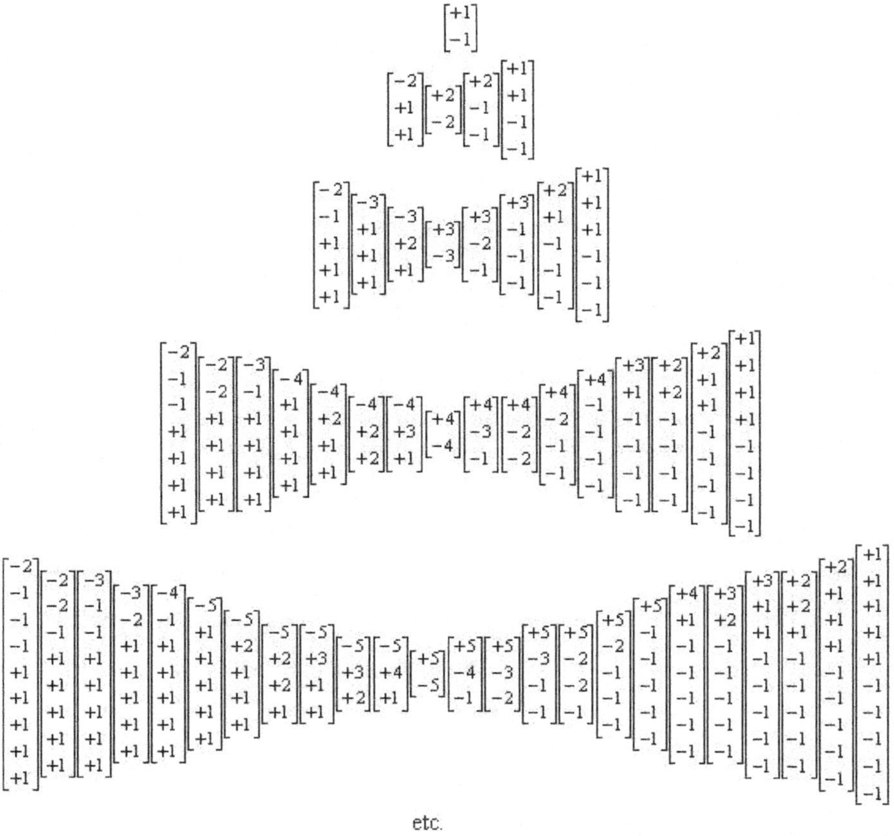

Figura 10.1: As moléculas ponderáveis de acordo com Weber.

pensar nesta molécula ponderável como sendo composta de três partículas de cargas $+3e$, $-2e$ e $-e$, respectivamente, deslocando-se uma ao redor da outra em três órbitas diferentes. Weber expressou isto da seguinte maneira:[13]

> Aqui, cada um dos números que está dentro do mesmo par de colchetes refere-se ao número de partículas elétricas semelhantes que estão deslocando-se uma ao redor da outra, mas cuja distância mútua permanece sempre menor do que ρ. Estas partículas indivisíveis deslocam-se conjuntamente em *uma* órbita, e uma órbita particular corresponde a cada número. As órbitas de partículas elétricas dessemelhantes [isto é, de cargas opostas] são mantidas ligadas pela atração mútua. As moléculas compreendidas em cada número são, de acordo com isto, indivisíveis e da mesma forma [são inseparáveis] todas as moléculas da *segunda* das *três classes enumeradas anteri-*

[13][Web94a, págs. 494-496] e [Web08, pág. 23].

ormente, ou seja, aquelas que são compostas de muitas moléculas simples, já que são similares e suas distâncias mútuas são $< \rho$.

Weber denominou as moléculas $\begin{bmatrix} +n \\ -n \end{bmatrix}$ como sendo *corpos elementares ponderáveis*. Isto poderia representar tanto o elemento específico com duas partículas elétricas indivisíveis orbitando uma ao redor da outra (com cada partícula sendo composta de n cargas elementares deslocando-se uma ao redor da outra dentro de uma esfera de diâmetro ρ), ou todo o conjunto de possibilidades representado pela n-ésima linha da Figura 10.1.

Com os corpos elementares ponderáveis $\begin{bmatrix} +n \\ -n \end{bmatrix}$, Weber queria caracterizar os átomos dos elementos químicos da tabela periódica. O corpo elementar ponderável mais simples é o hidrogênio com peso atômico $= 1$. Foi representado por Weber por $\begin{bmatrix} +1 \\ -1 \end{bmatrix}$. No diagrama com cinco linhas da Figura 10.1, Weber listou todas as possíveis configurações de $+e$ e $-e$ desde o peso atômico $= 1$ até o peso atômico $= 5$. Na n-ésima linha encontramos as possíveis configurações de $\begin{bmatrix} +n \\ -n \end{bmatrix}$. Todas as configurações de uma mesma linha possuem o mesmo peso atômico ou molecular. Um átomo químico com peso atômico n teria a configuração $\begin{bmatrix} +n \\ -n \end{bmatrix}$. O carbono e o oxigênio, por exemplo, foram representados por Weber como $\begin{bmatrix} +12 \\ -12 \end{bmatrix}$ e $\begin{bmatrix} +16 \\ -16 \end{bmatrix}$, respectivamente. Eles estariam ao longo das linhas 12 e 16, respectivamente.

Uma molécula ponderável seria atraída por uma outra molécula ponderável, de tal forma que poderiam existir *compostos de moléculas ponderáveis* orbitando entre si. Weber denominou estes sistemas de *corpos ponderáveis compostos binários*. Estes sistemas corresponderiam às *moléculas* da terminologia química moderna, isto é, composições de átomos elementares dando origem a sistemas estáveis. Weber concluiu sua análise desta Seção da seguinte maneira:[14]

> Se considerarmos além disso a extraordinária multiplicidade que pode ocorrer em cada uma destas moléculas *ponderáveis* com relação às órbitas e *vis vivas* [isto é, energias cinéticas] das partículas elétricas particulares a partir das quais elas são compostas, existe a possibilidade de haver *muitos tipos infinitamente diferentes de tais moléculas.*

Entre as múltiplas variações das *moléculas ponderáveis* de Weber (ou seja, nossos *átomos elementares* modernos), existem, em particular, os seguintes tipos:

---

[14][Web94a, pág. 499] e [Web08, pág. 27].

$$\begin{bmatrix} +n \\ -1 \\ . \\ . \\ . \\ -1 \end{bmatrix}$$

Temos aqui n partículas elementares carregadas positivamente movendo-se entre si dentro de um volume muito pequeno de diâmetro ρ (a distância crítica). A força atrativa entre estas partículas positivas é tão grande, que este sistema positivo comporta-se como uma única partícula. Ele corresponderia ao núcleo de um átomo moderno. Ao redor deste núcleo positivo deslocam-se n partículas elementares negativas em órbitas separadas. Elas corresponderiam aos elétrons negativos em órbita ao redor de um núcleo positivo. Como Weber não igualou a massa inercial ε de cada partícula elementar positiva com a massa inercial $\varepsilon' = a\varepsilon$ de cada partícula elementar negativa, a massa deste núcleo positivo não era necessariamente n vezes a massa de cada partícula negativa orbitando ao redor dele.

É impressionante a analogia desta concepção atômica Weberiana com o modelo atômico de Rutherford e Bohr que só foi desenvolvido muitos anos mais tarde.

A *molécula indivisível* de Weber (isto é, o núcleo positivo desta molécula ponderável) representaria os núcleos modernos dos elementos atômicos. Contudo, no modelo de Weber não existe uma partícula correspondendo ao nêutron. Por outro lado, o modelo do núcleo de Weber tem a grande vantagem, quando comparado com o modelo moderno do núcleo atômico, de ser estável e de ser mantido unido apenas por interações puramente elétricas. Ou seja, não é necessário introduzir forças de outra natureza para manter a estabilidade do núcleo, tais como as forças nucleares fortes e fracas da física moderna. De acordo com nosso conhecimento, o modelo de Weber é o único modelo já proposto até hoje de um núcleo composto por várias cargas elementares positivas que é mantido estável através de forças puramente elétricas. Weber obteve esta característica devido a uma propriedade bem particular de sua lei de força, Equação (6.2). Esta propriedade está relacionada ao fato de que sua lei de força depende não apenas da distância entre as partículas interagentes, mas também da aceleração radial relativa entre elas. O coeficiente que multiplica esta aceleração tem a mesma unidade que a massa inercial, a saber, o quilograma, kg. Além disso, este coeficiente é proporcional ao produto das duas cargas que estão interagindo, ee', sendo ainda inversamente proporcional à distância r entre elas. Quando elas estão muito próximas uma da outra, este coeficiente pode ter uma magnitude ou um módulo maior do que a massa inercial mecânica de qualquer uma destas partículas. Estas cargas vão então se comportar como se possuíssem uma massa inercial efetiva que é uma função da distância que as separa. Além disso, esta massa inercial efetiva pode ser positiva ou negativa, dependendo do sinal do produto ee'. Em particular, cargas de mesmo sinal deslocando-se uma em relação à outra dentro de uma esfera de diâmetro ρ, vão se comportar como se tivessem uma massa inercial efetiva *negativa*. Consequentemente, em vez de se repelirem mutuamente como ocorre em distâncias macroscópicas, elas irão se atrair!

Esta é uma das propriedades mais fascinantes e características da eletrodinâmica de Weber, não sendo compartilhada por outras teorias eletromagnéticas.[15]

10.4 Aplicação da Teoria de Weber para as Ligações Atômicas

Como visto no Capítulo 6, Weber havia analisado em 1871 o movimento de duas partículas carregadas interagindo de acordo com sua lei de força. Ele encontrou alguns *estados permanentes* nos quais as partículas orbitariam uma ao redor da outra dentro de dois raios limite. Encontrou também alguns estados *sem esta permanência*, nos quais as duas partículas interagentes não estariam conectadas entre si. Isto seria análogo às órbitas hiperbólicas Coulombianas de duas cargas com sinais opostos se atraindo.[16] Naquele trabalho de 1871 Weber apresentou uma hipótese ousada, a saber, que as ligações atômicas da química poderiam ter uma origem elétrica. Na química temos alguns pares de átomos semelhantes, tais como os gases H_2 ou O_2, e também várias moléculas compostas de átomos diferentes, tais como a molécula de água H_2O etc. Se a hipótese de Weber realmente fosse verdadeira, então seus estados de agregação elétricos poderiam ter uma aplicação para os grupos atômicos da química. Expressou-se da seguinte maneira:[17]

Aplicação para os Grupos Atômicos da Química.

> [...]
>
> Consequentemente, apresenta-se a seguinte questão, saber se a causa da permanência de certos estados atômicos não possa talvez ser encontrada em tal lei da ação mútua tal como foi estabelecida aqui e assumida para as partículas elétricas. [...] E em relação a isto deve ser especialmente observado que as mesmas forças que aquelas que determinam os *estados de agregação da eletricidade* formados por átomos simples e por pares atômicos, possivelmente também possam determinar *estados similares de agregação de corpos ponderáveis.* Pois na distribuição geral da eletricidade tem de ser assumido que um átomo de eletricidade se adere a cada átomo ponderável. [...] Se agora consideramos os valores [das massas] ε e ε' como sendo tão grandes de tal forma a incluir as massas dos átomos ponderáveis

---

[15] [Ass93], [Ass94] e [Ass99].

[16] [Sym82, Seção 3.16].

[17] [Web71, ver as *Obras Completas* de Weber, págs. 278-279] e [Web72, págs. 129-130].

que se aderem aos átomos elétricos, também poderão ser aplicados aos átomos ponderáveis combinados com os átomos elétricos todos os resultados que foram obtidos com referência inicial apenas aos *átomos elétricos*.

Isto é, assumindo a possibilidade de que uma partícula elétrica positiva ou negativa possa se aderir a um átomo ponderável, existiriam estados permanentes de agregação dos átomos químicos e também estados de agregação com falta de permanência. Portanto, a lei de força eletrodinâmica de Weber poderia oferecer a chave para se explicar as ligações químicas entre os átomos.

Em seu trabalho publicado postumamente Weber desenvolveu um pouco mais esta ideia. Apresentou então um modelo que poderia ter uma relação com a ligação eletroquímica. Ele queria compreender a coesão sólida dos metais. Como visto no Capítulo 5, desde 1852 Weber tinha um modelo de um condutor metálico como o cobre. Considerou este condutor como sendo composto de uma sequência de átomos ponderáveis positivos separados espacialmente, com cada átomo sendo cercado por uma partícula negativa que orbitava ao redor dele, sendo desprezível a massa desta partícula negativa em comparação com a massa do átomo ponderável. Mais tarde inverteu os sinais das cargas das partículas estacionárias e das cargas que estavam orbitando ao redor das partículas estacionárias. Até a década de 1880 ainda não havia sido determinado experimentalmente o sinal das cargas que ficavam orbitando ao redor do núcleo.

Apresentou então um motivo que poderia explicar a coesão das substâncias sólidas:[18]

> A *coesão* realmente bem *sólida* das moléculas ponderáveis que compõem os *condutores metálicos* provavelmente se deve a que cada molécula *elétrica positiva* engloba em sua órbita circular não apenas a molécula *elétrica negativa da* molécula vizinha ponderável, mas também a *outra molécula elétrica negativa* da *próxima* molécula ponderável vizinha. O mesmo acontece para a órbita circular de cada molécula *elétrica negativa* e duas moléculas elétricas positivas vizinhas.[19]

De acordo com nosso conhecimento atual, este modelo não corresponde à ligação metálica correta. De qualquer forma Weber estava apresentando aqui uma ideia nova. Humphrey Davy (1778-1829) e J. J. Berzelius (1779-1848) já haviam proposto em 1806, 1811 e 1819 a utilização da força de Coulomb nas teorias eletroquímicas.[20] Weber deu um passo além ao apresentar uma força elétrica *dinâmica* com o objetivo de explicar as ligações químicas. Este modelo apresentado por Weber neste trabalho póstumo é análogo ao modelo da ligação

[18] [Web94a, pág. 508] e [Web08, pág. 27].

[19] [N. T.] Deve ter havido uma confusão em relação aos sinais das cargas nesta última frase. O correto deveria ser: "O mesmo acontece para a órbita circular de cada molécula *elétrica positiva* e duas moléculas elétricas negativas vizinhas."

[20] [Wie60, págs. 219-220] e [Wie67, pág. 177].

covalente desenvolvido por G. N. Lewis (1875-1946) em 1916, o qual é baseado em uma ligação obtida através de um par de elétrons sendo compartilhado entre dois átomos vizinhos.

10.5 Tópicos em Aberto

Na sequência de seu trabalho póstumo, Weber apontou alguns problemas que ainda precisavam ser solucionados ao seguir a hipótese de que as moléculas ponderáveis eram compostas de partículas elementares eletrizadas positivamente e negativamente. Por exemplo, seria necessário explicar a mecânica dos fluidos expansíveis (gases), dos fluidos não-expansíveis (líquidos), e dos corpos sólidos elásticos. Ele não afirmava ter resolvido estes problemas extremamente complexos a partir de sua lei fundamental de força elétrica. Apresentou apenas algumas sugestões. Assim como em seu trabalho de 1871, caracterizou suas ideias da seguinte forma:[21]

> Enquanto não são conhecidas e levadas em consideração as *forças moleculares agindo apenas a distâncias moleculares*, os resultados que podem ser obtidos não podem ter qualquer aplicação *quantitativa*, mas apenas um valor *qualitativo* dentro de certos limites e, consequentemente, representam apenas um primeiro *reconhecimento* do território.

Por exemplo, para explicar a expansão dos gases, Weber pensou que suas moléculas poderiam ser constituídas de núcleos ponderáveis deslocando-se a grandes distâncias entre si, com cada núcleo acompanhado por um satélite elétrico positivo. As moléculas dos fluidos não-expansíveis, por outro lado, foram supostas como "sendo compostas de *moléculas ponderáveis sem satélites* que, devido à *força gravitacional* recíproca exercida entre elas, girariam uma ao redor da outra." No que diz respeito aos sólidos condutores, propôs mais uma vez uma

> constituição *molecular*, de acordo com a qual moléculas elétricas positivas giram nestes corpos ao redor de moléculas ponderáveis individuais com raios que mudam continuamente, cada [movimento circular ou em espiral] durando por tanto tempo, até que seja modificado em um movimento balístico, sendo desta forma levado para fora da esfera de ação de *uma molécula ponderável até a esfera de ação de uma outra molécula ponderável.*

E finalmente, no que diz respeito aos sólidos isolantes, seguiu a ideia de Mossotti:

> de acordo com a qual as moléculas a certas distâncias entre si permanecem em equilíbrio estável, sendo que este equilíbrio ocorre através

[21] [Web71, ver as *Obras Completas* de Weber, pág. 269] e [Web72, pág. 119].

> das *forças repulsivas* destas próprias moléculas, através de *forças repulsivas* das moléculas de um fluido (elétrico positivo) contido nos espaços intermediários e, finalmente, através de *forças de atração* entre as moléculas ponderáveis e as moléculas (elétricas positivas).

Weber apresentou algumas ideias gerais que poderiam ajudar a explicar as diferenças entre gelo, água e vapor a partir de sua lei de força fundamental. Também discutiu em termos gerais o ponto de fusão do gelo, o ponto de vapor da água e a formação cristalina de corpos sólidos.

Capítulo 11

Considerações Finais

Neste Capítulo final queremos chamar atenção para algumas especulações e desenvolvimentos da concepção atomística de Weber para a natureza, assim como de seu modelo planetário para o átomo.

Os raios catódicos foram estudados por muitos cientistas no final do século XIX. Durante muitos anos não era claro se eles eram um fenômeno ondulatório ou se eram devidos a partículas carregadas móveis. Heinrich Hertz (1857-1894), por exemplo, realizou experiências relacionadas a este assunto. Foi fortemente influenciado por Helmholtz (1821-1894), um oponente de Weber. Helmholtz e Hertz acreditavam que os raios catódicos eram um fenômeno ondulatório. Contudo, mais tarde foi mostrado conclusivamente que os raios catódicos eram devidos ao movimento de partículas carregadas.

Em 1881 Eduard Riecke (1845-1915), sucessor de Weber na Universidade de Göttingen e defensor das concepções atomísticas de Weber, utilizou na sua publicação de 1881 os átomos de Weber e seus símbolos correspondentes.[1] Por exemplo, o símbolo e foi utilizado para a carga elétrica da partícula, enquanto que o símbolo ε foi utilizado para a massa inercial da partícula. Com este procedimento Riecke teve sucesso ao deduzir as órbitas circulares e espirais de partículas carregadas deslocando-se em um campo magnético homogêneo.

Em 1878 Zöllner publicou um artigo discutindo os fenômenos elétricos produzidos pela luz e pelo calor radiante.[2] Em particular, discutiu a descoberta de Hankel feita em 1877 da produção de cargas eletrostáticas na superfície de cristais utilizando radiação luminosa, assim como a descoberta de Sale feita em 1873 de que o cristal selênio muda sua resistência de acordo com a frequência da luz incidente sobre ele. Na conclusão deste trabalho Zöllner fez o seguinte comentário:[3]

> De acordo com a teoria eletrodinâmica da matéria e de acordo com o ponto de vista de W. Weber, isto significa que as partículas elétricas,

[1] [Rie81] e [Wie08].

[2] [Zol78b].

[3] [Zol78b, pág. 610].

que estão conectadas entre si em correntes moleculares, podem ser separadas uma da outra e podem ser dispostas em outras órbitas de seus movimentos através da irradiação.

Esta é uma previsão notável feita muitos anos antes da descoberta do efeito fotoelétrico por Hertz em 1887.

Weber considerou que os átomos ponderáveis e as moléculas eram mantidos coesos através de forças eletrodinâmicas atuando entre suas partículas carregadas elementares. Isto abria a possibilidade de considerar a transmutação de um elemento químico em outro elemento químico através de forças eletrodinâmicas externas![4]

Weber, em particular, fez o seguinte comentário em sua última Memória importante:[5]

> Por outro lado, em todas as moléculas da *terceira classe* aquelas que estão listadas com + como sendo *eletricamente positivas*, *possivelmente* podem ser sempre separadas [ou divididas] das moléculas listadas com − como sendo *eletricamente negativas*, mesmo se não existe força suficiente para ocasionar a separação [ou fragmentação, ou dissolução] entre elas.[6] Na realidade, nenhuma separação [ou dissolução] deste tipo tem sido observada pela qual um corpo ponderável tenha sido quebrado em suas partes constituintes imponderáveis. Mas como a dissolução de corpos ponderáveis em suas partes constituintes ponderáveis é observada frequentemente, logo, através de uma dissolução continuada, chega-se finalmente nos corpos ponderáveis que não foram ainda mais fragmentados [ou separados, ou dissolvidos], sendo estes últimos corpos ponderáveis de fato denominados *corpos elementares*, sendo que, contudo, não está excluída a *possibilidade* de sua dissolução [ou fragmentação] em moléculas elétricas positivas e negativas.

Friedrich Kohlrausch (1840-1910) foi um dos físicos que perceberam a possibilidade de transmutação dos elementos químicos através de forças eletrodinâmicas. Ele era filho de um antigo colaborador de Weber, Rudolf Kohlrausch. Inicialmente Friedrich foi um assistente contratado por Weber no Instituto de Física da Universidade de Göttingen (1866). Em 1870 Weber deixou a direção do seminário de Göttingen para que Friedrich Kohlrausch pudesse assumir sua posição.[7] Weber também foi seu orientador de doutorado. Em 1879, ao discutir o modelo planetário de Weber para o átomo, F. Kohlrausch apresentou uma ideia genial, a saber:[8]

---

[4] [Wie60, págs. 216-220].

[5] [Web94a, págs. 496] e [Web08, pág. 23].

[6] [N. T.] Isto é, nos corpos ponderáveis deve ser possível separar, fragmentar ou dividir as chamadas moléculas positivas das chamadas moléculas negativas, embora ainda não existisse na época de Weber uma força suficiente para causar esta separação, quebra, dissociação, fragmentação ou divisão.

[7] [JM86, págs. 104-107].

[8] [Koh11, Vol. 2, pág. 172] e [Wie60, págs. 218-219].

> Se admitirmos aqui a possibilidade de que a eletricidade e esta matéria primordial da substância sejam idênticas ou que estejam intimamente associadas entre si, então talvez os métodos elétricos ofereceriam a melhor chance de sucesso em se transmutar quimicamente substâncias diferentes uma na outra.

Esta possibilidade foi de fato realizada na prática meio século mais tarde nos aceleradores de partículas da física moderna.

Referências Bibliográficas

[AC92] A. K. T. Assis and R. A. Clemente. The ultimate speed implied by theories of Weber's type. *International Journal of Theoretical Physics*, 31:1063–1073, 1992.

[AC11] A. K. T. Assis and J. P. M. d. C. Chaib. *Eletrodinâmica de Ampère: Análise do Significado e da Evolução da Força de Ampère, Juntamente com a Tradução Comentada de Sua Principal Obra sobre Eletrodinâmica.* Editora da Unicamp, Campinas, 2011. ISBN: 9788526809383.

[AH07] A. K. T. Assis and J. A. Hernandes. *The Electric Force of a Current: Weber and the Surface Charges of Resistive Conductors Carrying Steady Currents.* Apeiron, Montreal, 2007. ISBN: 9780973291155. Disponível em: <www.ifi.unicamp.br/~assis>.

[AH09] A. K. T. Assis and J. A. Hernandes. *A Força Elétrica de uma Corrente: Weber e as Cargas Superficiais de Condutores Resistivos com Correntes Constantes.* Edusp e Edufal, São Paulo e Maceió, 2009. Volume 73 da Coleção Acadêmica. ISBNs: 9788531411236 e 9788571774315.

[Amp20a] A.-M. Ampère. Mémoire présenté à l'Académie royale des Sciences, le 2 octobre 1820, où se trouve compris le résumé de ce qui avait été lu à la même Académie les 18 et 25 septembre 1820, sur les effets des courans électriques. *Annales de Chimie et de Physique*, 15:59–76, 1820.

[Amp20b] A.-M. Ampère. Suite du Mémoire sur l'Action mutuelle entre deux courans électriques, entre un courant électrique et un aimant ou le globe terrestre, et entre deux aimants. *Annales de Chimie et de Physique*, 15:170–218, 1820.

[Amp22a] A.-M. Ampère. Expériences relatives à de nouveaux phénomènes électro-dynamiques. *Annales de Chimie et de Physique*, 20:60–74, 1822.

[Amp22b] A.-M. Ampère. Mémoire sur la Détermination de la formule qui représente l'action mutuelle de deux portions infiniment petites de conducteurs voltaïques. Lu à l'Académie royale des Sciences, dans la séance du 10 juin 1822. *Annales de Chimie et de Physique*, 20:398–421, 1822.

[Amp23] A.-M. Ampère. Mémoire sur la théorie mathématique des phénomènes électro-dynamiques uniquement déduite de l'expérience, dans lequel se trouvent réunis les Mémoires que M. Ampère a communiqués à l'Académie royale des Sciences, dans les séances des 4 et 26 décembre 1820, 10 juin 1822, 22 décembre 1823, 12 septembre et 21 novembre 1825. *Mémoires de l'Académie Royale des Sciences de l'Institut de France*, 6:175–387, 1823. Apesar da data, este volume foi publicado apenas em 1827.

[Amp26] A.-M. Ampère. *Théorie des Phénomènes Électro-dynamiques, Uniquement Déduite de l'Expérience*. Méquignon-Marvis, Paris, 1826.

[Amp65a] A.-M. Ampère. The effects of electric currents. In R. A. R. Tricker, *Early Electrodynamics — The First Law of Circulation*, pages 140–154, New York, 1965. Pergamon. Partial English translation by O. M. Blunn of Ampère's works published in *Annales de Chimie et de Physique*, Vol. 15, pp. 59-76 and 170-218 (1820).

[Amp65b] A.-M. Ampère. On the Mathematical Theory of Electrodynamic Phenomena, Experimentally Deduced. In R. A. R. Tricker, *Early Electrodynamics — The First Law of Circulation*, pages 155–200, New York, 1965. Pergamon. Partial English translation by O. M. Blunn of Ampère's work "Mémoire sur la théorie mathématique des phénomènes électro-dynamiques uniquement déduite de l'expérience", *Mémoires de l'Académie royale des Sciences de l'Institut de France*, Vol. 6, pp. 175-387 (1823), issued 1827.

[ARW02] A. K. T. Assis, K. Reich, and K. H. Wiederkehr. Gauss and Weber's creation of the absolute system of units in physics. *21st Century Science & Technology*, Vol. 15, No. 3:40–48, 2002.

[ARW04] A. K. T. Assis, K. Reich, and K. H. Wiederkehr. On the electromagnetic and electrostatic units of current and the meaning of the absolute system of units — For the 200th anniversary of Wilhelm Weber's birth. *Sudhoffs Archiv*, 88:10–31, 2004.

[ASCC07] A. K. T. Assis, M. P. Souza Filho, J. J. Caluzi, and J. P. M. C. Chaib. From electromagnetism to electrodynamics: Ampère's demonstration of the interaction between current carrying wires. In M. F. Costa, B. V. Dorrio, and R. Reis, editors, *Proceedings of the 4th International Conference on Hands-on Science*, pages 9–16. University of Azores, Ponta Delgada, 2007.

[Ass89] A. K. T. Assis. On Mach's principle. *Foundations of Physics Letters*, 2:301–318, 1989.

[Ass92] A. K. T. Assis. *Curso de Eletrodinâmica de Weber.* Setor de Publicações do Instituto de Física da Universidade Estadual de Campinas — UNICAMP, Campinas, 1992. Notas de Física IFGW Número 5. Disponível em: `<www.ifi.unicamp.br/~assis>`.

[Ass93] A. K. T. Assis. Changing the inertial mass of a charged particle. *Journal of the Physical Society of Japan*, 62:1418–1422, 1993.

[Ass94] A. K. T. Assis. *Weber's Electrodynamics.* Kluwer Academic Publishers, Dordrecht, 1994. ISBN: 0792331370.

[Ass95] A. K. T. Assis. *Eletrodinâmica de Weber — Teoria, Aplicações e Exercícios.* Editora da Universidade Estadual de Campinas — UNICAMP, Campinas, 1995. ISBN: 8526803581.

[Ass97] A. K. T. Assis. Circuit theory in Weber electrodynamics. *European Journal of Physics*, 18:241–246, 1997.

[Ass98] A. K. T. Assis. *Mecânica Relacional.* Editora do Centro de Lógica, Epistemologia e História da Ciência da UNICAMP/FAPESP, Campinas, 1998. ISBN: 8586497010. Disponível em: `<www.ifi.unicamp.br/~assis>`.

[Ass99] A. K. T. Assis. *Relational Mechanics.* Apeiron, Montreal, 1999. ISBN: 0968368921. Disponível em: `<www.ifi.unicamp.br/~assis>`.

[Ass03] A. K. T. Assis. Tradução de uma obra de Gauss. *Revista Brasileira de Ensino de Física*, 25:226–249, 2003.

[Ass10a] A. K. T. Assis. *The Experimental and Historical Foundations of Electricity.* Apeiron, Montreal, 2010. ISBN: 9780986492631. Disponível em: `<www.ifi.unicamp.br/~assis>`.

[Ass10b] A. K. T. Assis. *Os Fundamentos Experimentais e Históricos da Eletricidade.* Apeiron, Montreal, 2010. ISBN: 9780986492617. Disponível em: `<www.ifi.unicamp.br/~assis>`.

[Ass10c] A. K. T. Assis. Wilhelm Weber's works translated into English. *21st Century Science & Technology*, Vol. 22, No. 4:67–69, 2010.

[Ass11] A. K. T. Assis. *Os Fundamentos Experimentais e Históricos da Eletricidade.* Livraria da Física, São Paulo, 2011. ISBN: 9788578610975.

[AW03] A. K. T. Assis and K. H. Wiederkehr. Weber quoting Maxwell. *Mitteilungen der Gauss-Gesellschaft*, 40:53–74, 2003.

[AWW11] A. K. T. Assis, K. H. Wiederkehr, and G. Wolfschmidt. *Weber's Planetary Model of the Atom*, volume 19 of *Nuncius Hamburgensis — Beiträge zur Geschichte der Naturwissenschaften*. Tredition Science, Hamburg, 2011. Edited by G. Wolfschmidt. ISBN: 9783842402416.

[Bio28] J. B. Biot. *Lehrbuch der Experimental-physik oder Erfahrungsnaturlehre*, volume 1. Leopold Voss, Leipzig, 2nd edition, 1828. German translation by G. T. Fechner.

[Blo82] C. Blondel. *A.-M. Ampère et la Création de l'Électrodynamique (1820-1827)*. Bibliothèque Nationale, Paris, 1982.

[CA91] R. A. Clemente and A. K. T. Assis. Two-body problem for Weber-like interactions. *International Journal of Theoretical Physics*, 30:537–545, 1991.

[CA07] J. P. M. d. C. Chaib and A. K. T. Assis. Sobre os efeitos das correntes elétricas — Tradução comentada da primeira obra de Ampère sobre eletrodinâmica. *Revista da Sociedade Brasileira de História da Ciência*, 5:85–102, 2007.

[CA09] J. P. M. d. C. Chaib and A. K. T. Assis. Sobre os efeitos das correntes elétricas (segunda parte) — Tradução da primeira obra de Ampère sobre eletrodinâmica. *Revista Brasileira de História da Ciência*, 2:118–145, 2009.

[Cha09] J. P. M. d. C. Chaib, 2009. Tese de doutorado: "Análise do Significado e da Evolução do Conceito de Força de Ampère, juntamente com a Tradução Comentada de sua Principal Obra sobre Eletrodinâmica." Universidade Estadual de Campinas — UNICAMP (Campinas, SP). Orientador: A. K. T. Assis. Disponível em: <http://webbif.ifi.unicamp.br/teses/> e em <www.ifi.unicamp.br/~assis>.

[Dar00] O. Darrigol. *Electrodynamics from Ampère to Einstein*. Oxford University Press, Oxford, 2000.

[Dru05] P. Drude. Electric conduction in metals, from the standpoint of the electronic theory. *Transactions of the International Electrical Congress*, 1:317–330, 1905. St. Louis. Reprinted in P. Drude, Zur Elektronentheorie der Metalle (Verlag Harri Deutsch, Frankfurt, 2006), H. T. Grahn and D. Hoffmann (eds.), Vol. 298 of Ostwalds Klassiker der exakten Wissenschaften.

[Eby77] P. B. Eby. On the perihelion precession as a Machian effect. *Lettere al Nuovo Cimento*, 18:93–96, 1977.

[Far21a] M. Faraday. Historical sketch of electro-magnetism. *Annals of Philosophy*, 2:195–200, 1821.

[Far21b] M. Faraday. Historical sketch of electro-magnetism. *Annals of Philosophy*, 2:274–290, 1821.

[Far22] M. Faraday. Historical sketch of electro-magnetism. *Annals of Philosophy*, 3:107–121, 1822.

[Far65a] M. Faraday. *Experimental Researches in Electricity*, volume I and II. Dover, New York, 1965.

[Far65b] M. Faraday. *Experimental Researches in Electricity*, volume III. Dover, New York, 1965.

[Fec] Fechner, G. T., Drei Versuchsreihen, welche die elektromotorische Kraft und die einzelnen Elemente des Leitungswiderstandes betreffen, in J. B. Biot, *Lehrbuch des Galvanismus und der Elektrochemie* (Leipzig, 1829, 2nd edition), Nachträge, pp. 553-564. Reprinted in *Ostwald's Klassiker der exakten Wissenschaften*, Nr. 244, C. Piel (ed.), (Akademische Verlagsgesellschaft, Leipzig, 1938), pp. 30-38.

[Fec45] G. T. Fechner. Ueber die Verknüpfung der Faraday'schen Inductions-Erscheinungen mit den Ampèreschen elektro-dynamischen Erscheinungen. *Annalen der Physik*, 64:337–345, 1845.

[Fec64] G. T. Fechner. *Ueber die physikalische und philosophische Atomenlehre*. Hermann Mendelssohn, Leipzig, 2nd edition, 1864.

[Fra81] O. I. Franksen. *H. C. Ørsted — A Man of the Two Cultures*. Strandbergs Forlag, Birkerød, 1981.

[Fre85a] A. Fresnel. Comparaison de la supposition des courants autour de l'axe avec celle des courants autour chaque molécule. In J. Joubert, editor, *Collection de Mémoires relatifs a la Physique,* Vol. II: *Mémoires sur l'Électrodynamique*, pages 141–143. Gauthier-Villars, Paris, 1885.

[Fre85b] A. Fresnel. Deuxième note sur l'hipothèse des courants particulaires. In J. Joubert, editor, *Collection de Mémoires relatifs a la Physique,* Vol. II: *Mémoires sur l'Électrodynamique*, pages 144–147. Gauthier-Villars, Paris, 1885.

[Ger98] P. Gerber. Die räumliche und zeitliche Ausbreitung der Gravitation. *Zeitschrift fur Mathematik und Physik II*, 43:93–104, 1898.

[Ger17] P. Gerber. Die Fortpflanzungsgeschwindigkeit der Gravitation. *Annalen der Physik*, 52:415–444, 1917.

[GG90] I. Grattan-Guinness. *Convolutions in French Mathematics, 1800-1840*, volume 2. Birkhäuser, Basel, 1990.

[GG91] I. Grattan-Guinness. Lines of mathematical thought in the electrodynamics of Ampère. *Physis*, 28:115–129, 1991.

[Hec96] L. Hecht. The significance of the 1845 Gauss-Weber correspondence. *21st Century*, 9(3):22–34, 1996.

[Hei93] M. Heidelberger. *Die innere Seite der Natur: Gustav Theodor Fechner wissenschaftlich-philosophische Weltauffassung*. Vittorio Klostermann, Frankfurt, 1993.

[Hei04] M. Heidelberger. *Nature from Within: Gustav Theodor Fechner and His Psychophysical Worldview*. University of Pittsburgh Press, Pittsburgh, 2004. Translated by C. Klohr.

[Hof82] J. R. Hofmann. *The Great Turning Point in André-Marie Ampère's Research in Electrodynamics: A Truly "Crucial" Experiment*. PhD thesis, Graduate Faculty of Arts and Sciences, University of Pittsburgh, Pittsburgh, 1982.

[Hof87] J. R. Hofmann. Ampère, electrodynamics, and experimental evidence. *Osiris*, 3 (2nd Series):45–76, 1987.

[Hof96] J. R. Hofmann. *André-Marie Ampère, Enlightenment and Electrodynamics*. Cambridge University Press, Cambridge, 1996.

[JM86] C. Jungnickel and R. McCormmach. *Intellectual Mastery of Nature — Theoretical Physics from Ohm to Einstein*, volume 1-2. University of Chicago Press, Chicago, 1986.

[Koh11] F. Kohlrausch. *Gesammelte Abhandlungen von Friedrich Kohlrausch*. J. A. Barth, Leipzig, 1910-11. W. Hallwachs, A. Heydweiller, K. Strecker and O. Wiener (eds.), 2 volumes.

[KW57] R. Kohlrausch and W. Weber. Elektrodynamische Maassbestimmungen insbesondere Zurückführung der Stromintensitäts-Messungen auf mechanisches Maass. *Abhandlungen der Königl. Sächs. Gesellschaft der Wissenschaften, mathematisch-physische Klasse*, 3:221–290, 1857. Reprinted in Wilhelm Weber's *Werke*, Vol. 3, H. Weber (ed.), (Springer, Berlin, 1893), pp. 609-676.

[MA08] C. P. Magnaghi and A. K. T. Assis. Sobre a eletricidade excitada pelo simples contato entre substâncias condutoras de tipos diferentes — Uma tradução comentada do artigo de Volta de 1800 descrevendo sua invenção da pilha elétrica. *Caderno Brasileiro de Ensino de Física*, 25:118–140, 2008.

[Mar86] R. d. A. Martins. Ørsted e a descoberta do eletromagnetismo. *Cadernos de História e Filosofia da Ciência*, 10:89–114, 1986.

[Max83] J. C. Maxwell. *Lehrbuch der Electricität und des Magnetismus*. Springer, Berlin, 1883. 2 Bde. Deutsche Übersetzung von B. Weinstein.

[Max54a] J. C. Maxwell. *A Treatise on Electricity and Magnetism*, volume I. Dover, New York, 1954.

[Max54b] J. C. Maxwell. *A Treatise on Electricity and Magnetism*, volume II. Dover, New York, 1954.

[Mos36] O. F. Mossotti. *Sur les forces qui régissent la constitution intérieure des corps, apperçu pour servir à la détermination de la cause et des lois de l'action moléculaire.* L'Imprimerie Royale, Turin, 1836. Reprinted in F. Zöllner, *Erklärung der Universellen Gravitation aus den statischen Wirkungen der Elektricität und die allgemeine Bedeutung des Weber'schen Gesetzes* (L. Staackmann, Leipzig, 1882), pp. 83-112.

[Neu58] C. Neumann. *Explicare tentatur quomodo fiat ut lucis planum polarisationis per vires electricas vel magneticas declinetur.* Halis Saxonum, 1858.

[Neu63] C. Neumann. *Die magnetische Drehung der Polarisationsebene des Lichts.* Verlag des Buchhandlung des Waisenhauses, Halle, 1863.

[Nor65] J. D. North. *The Measure of the Universe — A History of Modern Cosmology.* Clarendon Press, Oxford, 1965.

[Oer20a] H. C. Oersted. Expériences sur l'effet du conflict électrique sur l'aiguille aimantée. *Annales de Chimie et de Physique*, 14:417–425, 1820.

[Oer20b] H. C. Oersted. Experiments on the effect of a current of electricity on the magnetic needle. *Annals of Philosophy*, 16:273–277, 1820. Traduzido a partir de uma versão impressa escrita em latim pelo autor e transmitida por ele ao Editor dos *Annals of Philosophy*.

[Oer65] H. C. Oersted. Experiments on the effect of a current of electricity on the magnetic needle. In R. A. R. Tricker, *Early Electrodynamics — The First Law of Circulation*, pages 113–117, New York, 1965. Pergamon. Reprinted from Thomson's *Annals of Philosophy*, October, 1820.

[Ohm26] G. S. Ohm. Bestimmung des Gesetzes, nach welchem Metalle die Kontakt-Elektrizität leiten, nebst einem Entwurfe zu einer Theorie des Voltaschen Apparates und des Schweiggerschen Multiplikators. *Journal für Chemie und Physik*, 46:137–166, 1826. Reprinted in *Ostwald's Klassiker der exakten Wissenschaften*, Nr. 244, C. Piel (ed.), (Akademische Verlagsgesellschaft, Leipzig, 1938), pp. 8-29.

[O'R65] A. O'Rahilly. *Electromagnetic Theory — A Critical Examination of Fundamentals.* Dover, New York, 1965.

[Ørs86] H. C. Ørsted. Experiências sobre o efeito do conflito elétrico sobre a agulha magnética. *Cadernos de História e Filosofia da Ciência*, 10:115–122, 1986. Tradução de R. d. A. Martins.

[Ørs98a] H. C. Ørsted. Experiments on the effect of a current of electricity on the magnetic needle. In K. Jelved, A. D. Jackson, and O. Knudsen, editors, *Selected Scientific Works of Hans Christian Ørsted*, pages 417–420. Princeton University Press, Princeton, 1998. Reprinted from Thomson's *Annals of Philosophy*, Vol. 16, pp. 273-276 (1820).

[Ørs98b] H. C. Ørsted. New electro-magnetic experiments. In K. Jelved, A. D. Jackson, and O. Knudsen, editors, *Selected Scientific Works of Hans Christian Ørsted*, pages 421–424. Princeton University Press, Princeton, 1998. Paper originally published in German in 1820.

[Ørs98c] H. C. Ørsted. Observations on electro-magnetism. In K. Jelved, A. D. Jackson, and O. Knudsen, editors, *Selected Scientific Works of Hans Christian Ørsted*, pages 430–445. Princeton University Press, Princeton, 1998. Reprinted from Thomson's *Annals of Philosophy*, Vol. 2, pp. 321-337 (1821).

[Ram] C. Ramsauer, Das Ohmsche Gesetz (1826), in C. Ramsauer, *Grundversuche der Physik in historischer Darstellung* (Spriner, Berlin, 1953), Vol. 1: Von der Fallgesetzen bis zu den elektrischen Wellen.

[Rie81] E. Riecke. Über die Bewegung eines elektrischen Teilchens in einem homogenen magnetischen Felde und das negative elektrische glimmlicht. *Annalen der Physik*, 13:191–194, 1881.

[Rie92] E. Riecke. *Wilhelm Weber (geb. 24. October 1804, gest. 23. Juni 1891)*. Dieterichsche Verlags-Buchhandlung, Göttingen, 1892. Rede gehalten in der öffentlichen Sitzung der K. Gesellschaft der Wissenschaften am 5. December 1891.

[SCCA07] M. P. Souza Filho, J. P. M. C. Chaib, J. J. Caluzi, and A. K. T. Assis. Demonstração didática da interação entre correntes elétricas. *Revista Brasileira de Ensino de Física*, 29:605–612, 2007.

[Sch25] E. Schrödinger. Die Erfüllbarkeit der Relativitätsforderung in der klassischen Mechanik. *Annalen der Physik*, 77:325–336, 1925.

[Sch95] E. Schrödinger. The possibility of fulfillment of the relativity requirement in classical mechanics. In J. B. Barbour and H. Pfister, editors, *Mach's Principle — From Newton's Bucket to Quantum Gravity*, pages 147–158, Boston, 1995. Birkhäuser. Translated by J. B. Barbour.

[See] C. Seegers. De motu perturbationibusque planetarum secundum legem electrodynamicam Weberianam solem ambientium. Dissertation, Göttingen, 1864.

[See24] C. Seegers. *Über die Bewegung und die Störungen der Planeten, wenn dieselben sich nach dem Weberschen elektrodynamischen Gesetz um die Sonne bewegen.* Kommissionsverlag von Friedr. Viewweg & Sohn Akt. Ges., Braunschweig, 1924. Neu herausgegeben von P. Heylandt. Übersetzt von F. Diestel.

[Ser] A. Servus, Untersuchungen über die Bahn und die Störungen der Himmelskörper mit Zugrundelegung des Weber'schen electrodynamischen Gesetzes. Dissertation, Halle, 1885.

[Ste03] F. Steinle. The practice of studying practice: Analyzing research records of Ampère and Faraday. In F. L. Holmes, J. Renn, and H.-J. Rheinberger, editors, *Reworking the Bench: Laboratory Notebooks in the History of Science*, pages 93–117. Kluwer, Dordrecht, 2003.

[Ste05] F. Steinle. *Explorative Experimente. Ampère, Faraday und die Ursprünge der Elektrodynamik.* Franz Steiner Verlag, Stuttgart, 2005.

[Sym82] K. R. Symon. *Mecânica.* Editora Campus, Rio de Janeiro, 5ª ed., 1982. Tradução de G. B. Batista.

[Tis72] F. Tisserand. Sur le mouvement des planètes autour du soleil, d'après la loi électrodynamique de Weber. *Comptes Rendues de l'Academie des Sciences de Paris*, 75:760–763, 1872.

[Tis95] F. F. Tisserand. *Traité de Mécanique*, volume 4, Chapter 28 (Vitesse de propagation de l'attraction), pp. 499-503, "Loi d'attraction conforme à la loi électrodynamique de Weber". Gauthier-Villars, Paris, 1895.

[TKG23] R. C. Tolman, S. Karrer, and W. W. Guernsey. Further experiments on the mass of the electric carrier in metals. *Physical Review*, 21:525–539, 1923.

[TMS26] R. C. Tolman and L. M. Mott-Smith. A further study of the inertia of the electric carrier in copper. *Physical Review*, 28:794–832, 1926.

[TOS14] R. C. Tolman, E. W. Osgerby, and T. D. Stewart. The acceleration of electrical conductors. *Journal of the American Chemical Society*, 36:466–485, 1914.

[TS16] R. C. Tolman and T. D. Stewart. The electromotive force produced by the acceleration of metals. *Physical Review*, 8:97–116, 1916.

[Vol00a] A. Volta. On the electricity excited by the mere contact of conducting substances of different kinds. *Philosophical Transactions*, 90:403–431, 1800. Letter in French from A. Volta to J. Banks dated March 20, 1800. It was read before the Royal Society in June 26, 1800.

[Vol00b] A. Volta. On the electricity excited by the mere contact of conducting substances of different kinds. *Philosophical Magazine*, 7:289–311, 1800.

[Web39] W. Weber. Unipolare Induktion. *Resultate aus den Beobachtungen des magnetischen Vereins*, III:63–90, 1839. Reprinted in Wilhelm Weber's *Werke*, Vol. 2, E. Riecke (ed.), (Springer, Berlin, 1892), pp. 153-175.

[Web41] W. Weber. Unipolare Induktion. *Annalen der Physik und Chemie*, 52:353–386, 1841. Reprinted in Wilhelm Weber's *Werke*, Vol. 2, E. Riecke (ed.), (Springer, Berlin, 1892), pp. 176-179.

[Web46] W. Weber. Elektrodynamische Maassbestimmungen — Über ein allgemeines Grundgesetz der elektrischen Wirkung. *Abhandlungen bei Begründung der Königl. Sächs. Gesellschaft der Wissenschaften am Tage der zweihundertjährigen Geburtstagfeier Leibnizen's herausgegeben von der Fürstl. Jablonowskischen Gesellschaft (Leipzig)*, pages 211–378, 1846. Reprinted in Wilhelm Weber's *Werke*, Vol. 3, H. Weber (ed.), (Springer, Berlin, 1893), pp. 25-214.

[Web48a] W. Weber. Elektrodynamische Maassbestimmungen. *Annalen der Physik und Chemie*, 73:193–240, 1848. Reprinted in Wilhelm Weber's *Werke*, Vol. 3, H. Weber (ed.), (Springer, Berlin, 1893), pp. 215-254.

[Web48b] W. Weber. Über die Erregung und Wirkung des Diamagnetismus nach den Gesetzen inducirter Ströme. *Annalen der Physik und Chemie*, 73:241–256, 1848. Reprinted in Wilhelm Weber's *Werke*, Vol. 3, H. Weber (ed.), (Springer, Berlin, 1893), pp. 255-268.

[Web52a] W. Weber. Elektrodynamische Maassbestimmungen insbesondere über Diamagnetismus. *Abhandlungen der Königl. Sächs. Gesellschaft der Wissenschaften, mathematisch-physische Klasse*, 1:485–577, 1852. Reprinted in Wilhelm Weber's *Werke*, Vol. 3, H. Weber (ed.), (Springer, Berlin, 1893), pp. 473-554.

[Web52b] W. Weber. Elektrodynamische Maassbestimmungen insbesondere Widerstandsmessungen. *Abhandlungen der Königl. Sächs. Gesellschaft der Wissenschaften, mathematisch-physische Klasse*, 1:199–381, 1852. Reprinted in Wilhelm Weber's *Werke*, Vol. 3, H. Weber (ed.), (Springer, Berlin, 1893), pp. 301-471.

[Web52c] W. Weber. Ueber den Zusammenhang der Lehre vom Diamagnetismus mit der Lehre von dem Magnetismus und der Elektricität. *Annalen der Physik und Chemie*, 87:145–189, 1852. Reprinted in Wilhelm Weber's *Werke*, Vol. 3, H. Weber (ed.), (Springer, Berlin, 1893), pp. 555-590.

[Web55] W. Weber. Vorwort bei der Übergabe der Abhandlung: *Elektrodynamische Maassbestimmungen, insbesondere Zurückführung der Stromintensitäts-Messungen auf mechanisches Maass. Berichte über die Verhandlungen der Königl. Sächs. Gesellschaft der Wissenschaften zu Leipzig, mathematisch-physische Klasse*, 17:55–61, 1855. Reprinted in Wilhelm Weber's *Werke*, Vol. 3, H. Weber (ed.), (Springer, Berlin, 1893), pp. 591-596.

[Web62] W. Weber. Zur Galvanometrie. *Abhandlungen der Königl. Gesellschaft der Wissenschaften zu Göttingen, mathematische Klasse*, 10:3–96, 1862. Reprinted in Wilhelm Weber's *Werke*, Vol. 4, H. Weber (ed.), (Springer, Berlin, 1894), pp. 17-96.

[Web64] W. Weber. Elektrodynamische Maassbestimmungen insbesondere über elektrische Schwingungen. *Abhandlungen der Königl. Sächs. Geselschaft der Wissenschaften, mathematisch-physische Klasse*, 6:571–716, 1864. Reprinted in Wilhelm Weber's *Werke*, Vol. 4, H. Weber (ed.), (Springer, Berlin, 1894), pp. 105-241.

[Web71] W. Weber. Elektrodynamische Maassbestimmungen insbesondere über das Princip der Erhaltung der Energie. *Abhandlungen der Königl. Sächs. Gesellschaft der Wissenschaften, mathematisch-physische Klasse (Leipzig)*, 10:1–61, 1871. Reprinted in Wilhelm Weber's *Werke*, Vol. 4, H. Weber (ed.), (Springer, Berlin, 1894), pp. 247-299.

[Web72] W. Weber. Electrodynamic measurements — Sixth memoir, relating specially to the principle of the conservation of energy. *Philosophical Magazine*, 43:1–20 and 119–149, 1872.

[Web75] W. Weber. Ueber die Bewegung der Elektricität in Körpern von molekularer Konstitution. *Annalen der Physik und Chemie*, 156:1–61, 1875. Reprinted in Wilhelm Weber's *Werke*, Vol. 4, H. Weber (ed.), (Springer, Berlin, 1894), pp. 312-357.

[Web78] W. Weber. Elektrodynamische Maassbestimmungen insbesondere über die Energie der Wechselwirkung. *Abhandlungen der Königl. Sächs. Gesellschaft der Wissenschaften, mathematisch-physische Klasse, (Leipzig)*, 11:641–696, 1878. Reprinted in Wilhelm Weber's *Werke*, Vol. 4, H. Weber (ed.), (Springer, Berlin, 1894), pp. 361-412.

[Web92a] W. Weber. *Wilhelm Weber's Werke,* E. Riecke (ed.), volume 2, *Magnetismus.* Springer, Berlin, 1892.

[Web92b] W. Weber. *Wilhelm Weber's Werke,* W. Voigt, (ed.), volume 1, *Akustik, Mechanik, Optik und Wärmelehre.* Springer, Berlin, 1892.

[Web93] W. Weber. *Wilhelm Weber's Werke,* H. Weber (ed.), volume 3, *Galvanismus und Elektrodynamik,* first part. Springer, Berlin, 1893.

[Web94a] W. Weber. Elektrodynamische Maassbestimmungen insbesondere über den Zusammenhang des elektrischen Grundgesetzes mit dem Gravitationsgesetze. In H. Weber, editor, Wilhelm Weber's *Werke,* Vol. 4, pages 479–525, Berlin, 1894. Springer.

[Web94b] W. Weber. *Wilhelm Weber's Werke,* H. Weber, (ed.), volume 4, *Galvanismus und Elektrodynamik*, second part. Springer, Berlin, 1894.

[Web66a] W. Weber. On the connexion of diamagnetism with magnetism and electricity. In J. Tyndall and W. Francis, editors, *Scientific Memoirs,* Vol. 7, pages 163–199, New York, 1966. Johnson Reprint Corporation.

[Web66b] W. Weber. On the excitation and action of diamagnetism according to the laws of induced currents. In R. Taylor, editor, *Scientific Memoirs,* Vol. 5, pages 477–488, New York, 1966. Johnson Reprint Corporation.

[Web66c] W. Weber. On the measurement of electro-dynamic forces. In R. Taylor, editor, *Scientific Memoirs,* Vol. 5, pages 489–529, New York, 1966. Johnson Reprint Corporation.

[Web07] W. Weber, 2007. Determinations of electrodynamic measure: concerning a universal law of electrical action, 21st Century Science & Technology, traduzido para a língua inglesa por S. P. Johnson, editado por L. Hecht e A. K. T. Assis. Disponível desde março de 2007 em: http://www.21stcenturysciencetech.com/translation.html.

[Web08] W. Weber, 2008. Determinations of electrodynamic measure: particularly in respect to the connection of the fundamental laws of electricity with the law of gravitation, 21st Century Science & Technology, disponível online desde novembro de 2008, traduzido para a língua inglesa por G. Gregory, editado por L. Hecht e A. K. T. Assis. Disponível em: http://www.21stcenturysciencetech.com/translation.html.

[Whi73] E. T. Whittaker. *A History of the Theories of Aether and Electricity,* volume 1: *The Classical Theories.* Humanities Press, New York, 1973.

[Wie60] K. H. Wiederkehr. Wilhelm Webers Stellung in der Entwicklung der Elektrizitätslehre. Dissertation, Hamburg, 1960.

[Wie67] K. H. Wiederkehr. *Wilhelm Eduard Weber — Erforscher der Wellenbewegung und der Elektrizität (1804-1891)*, volume 32 of *Grosse Naturforscher,* H. Degen (ed.). Wissenschaftliche Verlagsgesellschaft, Stuttgart, 1967.

[Wie88] K. H. Wiederkehr. Zur Deutung magnetischer Phänomene im 19. Jahrhundert. *Physikalische Blätter*, 44:129–134, 1988.

[Wie91] K. H. Wiederkehr. Faradays Feldkonzept und Hans Christian Oersted. *Physikalische Blätter*, 47:825–830, 1991.

[Wie93] K. H. Wiederkehr. Das Experiment von Wilhelm Weber und Rudolf Kohlrausch 1855 und Maxwells elektromagnetische Lichttheorie. In W. Schröder, editor, *The Earth and the Universe (A Festschrift in honour of Hans-Jürgen Treder)*, pages 452–463. Interdivisional Commission on History of the International Association of Geomagnetism and Aeronomy, Bremen-Rönnebeck, 1993.

[Wie94] K. H. Wiederkehr. Wilhelm Weber und Maxwells elektromagnetische Lichttheorie. *Gesnerus, Part. 3/4*, 51:256–267, 1994.

[Wie99] K. H. Wiederkehr. Die Entdeckung des Elektrons. *Der mathematische und naturwissenschaftliche Unterricht*, 52:132–139, 1999.

[Wie04] K. H. Wiederkehr. Ein bisher unveröffentlichter Brief von Rudolf Kohlrausch an Andreas v. Ettingshausen von 1854, das Kohlrausch-Weber-Experiment von 1854/55 und die Lichtgeschwindigkeit in Wilhelm Webers Elektrodynamik. *NTM International Journal of History and Ethics of Natural Sciences, Technology and Medicine*, 12:129–145, 2004.

[Wie07] K. H. Wiederkehr. Über Vorstellungen vom Wesen des elektrischen Stromes bis zum Beginn der Elektronentheorie der Metalle. In G. Wolfschmidt, editor, *"Es gibt für Könige keinen besonderen Weg zur Geometrie" — Festschrift für Karin Reich*, pages 299–308. Dr. Erwin Rauner Verlag, Augsburg, 2007.

[Wie08] K. H. Wiederkehr. Heinrich Hertz between the old electrodynamics and Maxwell's theory. In G. Wolfschmidt, editor, *Heinrich Hertz (1857-1894) and the Development of Communication*, pages 151–159. Schwerpunkt Geschichte der Naturwissenschaften, Mathematik und Technik, Hamburg, 2008. Nuncius Hamburgensis: Beiträge zur Geschichte der Naturwissenschaften, Vol. 10.

[WK56] W. Weber and R. Kohlrausch. Über die Elektricitätsmenge, welche bei galvanischen Strömen durch den Querschnitt der Kette fliesst. *Annalen der Physik und Chemie,* J. C. Poggendoff (ed.), 99:10–25, 1856. Reprinted in Wilhelm Weber's *Werke*, Vol. 3, H. Weber (ed.), (Springer, Berlin, 1893), pp. 597-608.

[WK68] W. Weber and R. Kohlrausch. Über die Einführung absoluter elektrischer Maße. In S. Balke, H. Gericke, W. Hartner, G. Kerstein, F. Klemm, A. Portmann, H. Schimank, and K. Vogel, editors, *Ostwalds Klassiker der exakten Wissenschaften,* new series, Vol. 5. Friedrich-Vieweg & Sohn, Braunschweig, 1968. Commented by F. Kohlrausch and K. H. Wiederkehr.

[WK03] W. Weber and R. Kohlrausch. On the amount of electricity which flows through the cross-section of the circuit in galvanic currents. In F. Bevilacqua and E. A. Giannetto, editors, *Volta and the History of Electricity*, pages 287–297. Università degli Studi di Pavia and Editore Ulrico Hoepli, Milano, 2003. Traduzido por S. P. Johnson. Disponível em: `<www.ifi.unicamp.br/~assis>`.

[WK08] W. Weber and R. Kohlrausch. Sobre a quantidade de eletricidade que flui através da seção reta do circuito em correntes galvânicas. *Revista Brasileira de História da Ciência*, 1:94–102, 2008. Traduzido por A. K. T. Assis.

[WW93] E. H. Weber and W. Weber. *Wilhelm Weber's Werke,* E. Riecke (ed.), volume 5, *Wellenlehre auf Experimente gegründet oder über die Wellen tropfbarer Flüssigkeiten mit Anwendung auf die Schall- und Lichtwellen.* Springer, Berlin, 1893. Originally published in 1825.

[WW94] W. Weber and E. Weber. *Wilhelm Weber's Werke,* F. Merkel and O. Fischer (editors), volume 6, *Mechanik der menschlichen Gehwerkzeuge. Eine anatomisch-physiologische Untersuchung.* Springer, Berlin, 1894. Originally published in 1836.

[XA94] A. L. Xavier Jr. and A. K. T. Assis. O cumprimento do postulado de relatividade na mecânica clássica — uma tradução comentada de um texto de Erwin Schrödinger sobre o princípio de Mach. *Revista da Sociedade Brasileira de História da Ciência*, 12:3–18, 1994. Errata disponível em: `<www.ifi.unicamp.br/~assis>`.

[Zol76] J. C. F. Zollner. *Principien einer elektrodynamischen Theorie der Materie.* Engelmann, Leipzig, 1876.

[Zol78a] J. C. F. Zollner. Ueber die Ableitung der Newton'schen Gravitation aus den statischen Wirkungen der Elektricität. In J. C. F. Zöllner, editor, *Wissenschaftliche Abhandlungen*, pages 417–459 (Vol. 1), Leipzig, 1878. L. Staackmann.

[Zol78b] J. C. F. Zollner. Ueber die elektrischen Wirkungen des Lichtes und der strahlenden Wärme. In J. C. F. Zöllner, editor, *Wissenschaftliche Abhandlungen*, pages 600–610 (Vol. 1), Leipzig, 1878. L. Staackmann.

[Zol82] F. Zollner. *Erklärung der Universellen Gravitation aus den statischen Wirkungen der Elektricität und die allgemeine Bedeutung des Weber'schen Gesetzes.* L. Staackmann, Leipzig, 1882.

[Zol83] J. C. F. Zollner. *Über die Natur der Cometen — Beiträge zur Geschichte und Theorie der Erkenntniss.* L. Staackmann, Leipzig, 3rd edition, 1883. First edition of 1872.

Made in the USA
Monee, IL
04 November 2026

67374718R00059